Revelando O MAIOR SEGREDO DE NAPOLEON HILL

Título original: *Napoleon Hill's Secret*

Copyright © 2022 by Napoleon Hill Foundation

Revelando o maior segredo de Napoleon Hill
1ª edição: Maio 2023

Direitos reservados desta edição: CDG Edições e Publicações

O conteúdo desta obra é de total responsabilidade do autor e não reflete necessariamente a opinião da editora.

Autor:
Don M. Green

Tradução:
Caio Pereira

Preparação de texto:
3 GB Consulting

Revisão:
Beatriz Lopes Monteiro
Rebeca Michelotti

Projeto gráfico e capa:
Jéssica Wendy

DADOS INTERNACIONAIS DE CATALOGAÇÃO NA PUBLICAÇÃO (CIP)

Green, Don M.
    Revelando o maior segredo de Napoleon Hill / Don M. Green ; tradução de Caio Pereira. — Porto Alegre : Citadel, 2023.
    288 p.

ISBN: 978-65-5047-228-3
Título original: Napoleon Hill's Secret

1. Autoajuda 2. Desenvolvimento pessoal 3. Sucesso I. Título II. Pereira, Caio

23-1551   CDD 158.1

Angélica Ilacqua - Bibliotecária - CRB-8/7057

Produção editorial e distribuição:

contato@citadel.com.br
www.citadel.com.br

Revelando O MAIOR SEGREDO DE NAPOLEON HILL

DON M. GREEN
CEO Mundial da Fundação Napoleon Hill

Tradução:
Caio Pereira

CITADEL
Grupo Editorial
2023

Para minha filha, Donna

SUMÁRIO

INTRODUÇÃO　　　　　　　　　　　　　　　　　　**11**

QUEM PENSA ENRIQUECE　　　　　　　　　　　12

PODER DA MENTE　　　　　　　　　　　　　　13

REIVINDICANDO O QUE É SEU　　　　　　　　15

O QUE VEM DAQUI EM DIANTE　　　　　　　17

CAPÍTULO 1 – SER POSITIVO　　　　　　　　　**31**

RESOLVER FAZER A DIFERENÇA　　　　　　　32

IDENTIFIQUE O NEGATIVO　　　　　　　　　34

TRANSFORMAÇÃO　　　　　　　　　　　　　35

O PREÇO DA ADMISSÃO　　　　　　　　　　38

AMP CRESCENTE　　　　　　　　　　　　　39

CAPÍTULO 2 – PENSAR EM SINCRONIA　　　　**45**

O PODER DO PENSAMENTO　　　　　　　　　45

LIGAÇÃO COM UM PROPÓSITO　　　　　　　48

OFERECER RECOMPENSAS　　　　　　　　　51

MANTENDO TUDO FLUINDO　　　　　　　　54

MICROMASTERMINDS　　　　　　　　　　　57

CAPÍTULO 3 – ENTENDENDO O QUE VOCÊ QUER　　**61**

PERAÍ! EU SEI O QUE EU QUERO!　　　　　　61

FANTASIA LIVRE　　　　　　　　　　　　　62

O ATO DE EQUILÍBRIO　　　　　　　　　　66

CARREIRA　　　　　　　　　　　　　　　66

JUNTAR AS PEÇAS　　　　　　　　　　　　71

VOCÊ PROVAVELMENTE JÁ SABE DISSO, MAS...　　74

CAPÍTULO 4 – CRIANDO O SEU PLANO — 75

CRIANDO A ESTRUTURA — 76

ARREGAÇAR AS MANGAS — 82

SER CRITICADO — 85

DEPARANDO COM UMAS LOMBADAS — 86

AVANCE! — 88

CAPÍTULO 5 – ACENDENDO O FOGO — 89

ARDOR CONTROLADO — 90

CONTROLE DAS CHAMAS — 94

ALIMENTE O FOGO — 96

O PODER DA AÇÃO ENTUSIÁSTICA — 101

TIMING É TUDO — 102

CAPÍTULO 6 – SOBREVIVENDO AO DESAPONTAMENTO — 107

GIRANDO A RODA — 107

HORA DE DAR MEIA-VOLTA — 108

TOMANDO CONTROLE DA RODA — 112

ELIMINANDO AS CAUSAS DE FRACASSO — 114

CAPÍTULO 7 – MANTENDO A ROTA — 117

O CAMINHO DUPLO — 118

A EMOÇÃO CONSIDERADA — 122

AÇÕES QUE FALAM — 124

A PESSOA INTEGRADA — 127

CAPÍTULO 8 – ASSUMINDO ALGUNS RISCOS — 129

CONSISTÊNCIA CÓSMICA — 130

UMA VISÃO DE MUNDO CONSISTENTE — 133

FÉ APLICADA — 133

ALONGANDO-SE — 136

O LADO SOMBRIO — 140

CAPÍTULO 9 – SONHAR GRANDE E PEQUENO — 149

LIVRANDO-SE DAS CORRENTES — 150

IMAGINAÇÃO REDOBRADA — 151

TREINAMENTO DE FLEXIBILIDADE — 153

ABRAÇANDO A INSPIRAÇÃO — 159

CAPÍTULO 10 – COLOCANDO O MUNDO SOB RÉDEAS — 165

ATITUDE MENTAL POSITIVA — 167
FLEXIBILIDADE — 168
SINCERIDADE — 170
FIRMEZA — 171
CORTESIA — 173
TATO — 174
FRANQUEZA — 176
VOZ — 177
LINGUAGEM — 178
SORRISO — 179
OUTRAS EXPRESSÕES FACIAIS — 180
HUMOR — 181
UM BOM APERTO DE MÃO — 182
JUSTIÇA — 183
BRILHO — 184
HUMILDADE — 185
FÉ — 186

CAPÍTULO 11 – VIVENDO UMA VIDA DE VALOR AGREGADO — 189

A LEI DOS RETORNOS CRESCENTES — 190
A LEI DA COMPENSAÇÃO — 191
ATENÇÃO FAVORÁVEL — 192
INDISPENSABILIDADE — 193
DESENVOLVIMENTO PESSOAL — 194
AUTOCONFIANÇA — 195
OPORTUNIDADE — 196
INICIATIVA — 197
SEGUINDO A ESTRADA — 198

CAPÍTULO 12 – PENSANDO COMO CHEFE — 201

INICIATIVA PESSOAL — 202
DIA APÓS DIA — 203
METAMORFOSE — 205

CAPÍTULO 13 – DEIXANDO A MENTE EM FORMA — 211

FATO *VERSUS* FICÇÃO — 213
IMPORTANTE *VERSUS* NÃO IMPORTANTE — 217
ATENÇÃO CONTROLADA — 218

CAPÍTULO 14 – CRIANDO HARMONIA — 225

PREPARANDO-SE PARA COOPERAR — 226
MOTIVOS PARA COOPERAR — 231
AUTOPRESERVAÇÃO — 232
AMOR — 233
MEDO — 233
SEXO — 234
DESEJO DE VIDA APÓS A MORTE — 234
LIBERDADE — 235
RAIVA — 236
ÓDIO — 237
RECONHECIMENTO E AUTOEXPRESSÃO — 237
RIQUEZA — 238
AFINAÇÃO HARMÔNICA — 239

CAPÍTULO 15 – MANEJANDO OS SEUS RECURSOS — 243

TRÊS ESTILOS — 244
TIQUE-TAQUE — 246
DINHEIRO — 252

CAPÍTULO 16 - VIDA INTELIGENTE — 259

AMP = AMS — 260
BEM-ESTAR FÍSICO — 262
BEM-ESTAR MENTAL — 265

CAPÍTULO 17 – FAZENDO A GRANDE CONEXÃO — 269

VERDADE UNIVERSAL — 270
AÇÃO E REAÇÃO — 272
CRIANDO UMA CAUSA — 275
ALGO EM TROCA DE ALGO — 277
FORÇA CÓSMICA DO HÁBITO — 279

INTRODUÇÃO

Você não pode ter tudo na vida.

Entretanto... pode ter tudo que realmente quiser.

Parece impossível? Não é. Tem algum truque nisso? Não, nada de truques. Mas tem um método, e vou lhe mostrar como funciona. Não é uma técnica da noite para o dia. Você terá que investir tempo e energia, e não terá tudo que quer no dia seguinte. Não existem três passos simples para a felicidade. Por outro lado, você não vai precisar de uma receita de médico, não precisa usar nenhum cupom, e ninguém vai bater à porta da sua casa.

O que você quer, afinal?

Riqueza? Felicidade? Amor? Autoridade? Respeito? Fama? Independência?

Tudo isso pode ser seu.

Se for o que você realmente quer.

Você sabe o que realmente quer?

A chave para sua resposta será revelada quando você descobrir o que você define como sucesso e, depois, desenvolver um plano para criar esse sucesso e dar prosseguimento a ele.

Revelando o maior segredo de Napoleon Hill

QUEM PENSA ENRIQUECE

Quem pensa enriquece foi escrito por Napoleon Hill em 1937. Em plena Grande Depressão, o livro tornou-se *best-seller* imediato no país. Ele ainda continua a influenciar centenas de milhares de novos leitores, talvez milhões, a cada ano. Uma pesquisa do jornal *USA Today* com líderes dos negócios ranqueou o livro entre os dez trabalhos mais inspiradores de todos os tempos.

Um dos charmes de *Quem pensa enriquece* está na sua habilidade de ajudá-lo a entender a si mesmo e o que você quer da vida. Como um dos primeiros livros populares a aplicar as ideias da psicologia moderna ao dia a dia, apesar do título sedutor, o livro não supõe saber qual é sua definição de "enriquecer"; pretende apenas ajudá-lo a trazer essa ideia para a realidade. Inúmeras pessoas escreveram depoimentos acerca do poder dessa obra. Muitos me disseram que é o livro mais importante que já leram, perdendo apenas para a Bíblia.

Quem pensa enriquece baseia-se num imenso trabalho anterior de Napoleon Hill chamado *O manuscrito original*, publicado em 1928. Esse foi mais um *best-seller* nacional, mas era simplesmente caro demais para a maioria dos americanos na era da Depressão. *O manuscrito original*, por sua vez, brotou de uma conversa que Napoleon Hill teve com o empresário Andrew Carnegie. Repórter novato, Hill perguntou a Carnegie assim, do nada, o que fazia as pessoas serem bem-sucedidas. Carnegie virou o jogo e perguntou a Hill se este, um jovem rapaz, poderia descobrir a resposta para essa pergunta por conta própria.

Hill passou vinte anos estudando pessoas bem-sucedidas das muitas áreas da vida. Entrevistou gente como Thomas Edison e Woodrow Wilson, Henry Ford e Luther Burbank, tentando descobrir o que distinguia esses homens das pessoas comuns. Ele estudou, também, grandes figuras da história e teve contato com o trabalho de líderes do Movimento do Potencial Humano, como William James e Émile Coué.

Ele destilou tudo o que descobriu em *O manuscrito original* e foi ainda mais além no poderoso *Quem pensa enriquece*. Embora os tempos, hoje, sejam outros, a natureza humana não mudou, e as ideias desses dois livros continuam tão práticas e úteis como nunca.

Neste livro, espero apresentar sugestões e orientações úteis quanto a como aplicar os princípios contidos nesses dois livros. Descobrir o que você quer e dar prosseguimento a um plano concreto para fazer isso acontecer são as chaves para conseguir o que este livro lhe promete. Isso vai requerer que você faça uma investigação honesta da sua alma. Você provavelmente terá que confrontar verdades incômodas acerca da sua vida. Certamente, terá que trabalhar bastante. É bem provável que tenha de abrir mão de algumas coisas com as quais está acostumado, e talvez sinta falta de algumas delas por um tempo. De outras, é bem possível que você fique muito contente por ter se livrado.

Todas essas mudanças começarão em um só lugar: sua mente.

PODER DA MENTE

Uma das frases mais libertadoras e assustadoras que Napoleon Hill escreveu afirma que "Tudo aquilo que a mente pode conceber e em que pode acreditar, ela pode alcançar".

Essa frase é libertadora porque lhe diz que tudo é possível, contanto que você conceba um plano para conseguir isso e lhe dê prosseguimento com convicção. Repare numa condição importante aqui: você deve ser capaz de conceber o plano. Uma meta de mudar o mundo inteiro é possível com um plano; nem mesmo a mais modesta das ambições se tornará realidade sem um plano.

> *Se não atribuir uma tarefa à sua mente, ela pode acabar lhe criando problemas.*

E a frase é assustadora porque você tem de se perguntar o que acontece se você não toma a atitude de conceber um plano. A resposta é: não acontece nada do que você quer. Você terá uma vida sem padrão. Não fará muito mais do que responder a um problema atrás do outro, sem nunca ter uma chance de fazer o que quer fazer. Isso já lhe soa familiar?

Pior ainda, se não atribuir uma tarefa à sua mente, ela pode acabar lhe criando problemas. Lembre-se de que tudo que você puder conceber, e nisso acreditar, você pode alcançar. Se sua mente se ocupa com preocupação, ela vai criar mais coisas com as quais se preocupar. Ela conceberá, acreditará e alcançará coisas que você não quer.

Como exatamente funciona esse poder da sua mente? A mente humana – sua mente – é algo único no universo conhecido. Embora muitas formas de vida tenham algum tipo de consciência, apenas a mente humana é capaz de sonhar e planejar em longo prazo. Outras criaturas podem construir, como fazem os castores, ou usar estratégia para concluir tarefas, como fazem os lobos quando caçam em bando. Mas apenas os humanos podem pensar em termos de semana que vem, mês que vem ou ano que vem. Temos a habilidade de visualizar outro tempo, imaginar como ele poderá ser e determinar o que precisamos fazer para nos preparar.

Como fazemos esse tipo de planejamento automaticamente, às vezes não lhe damos o devido valor. Mas fazemos isso toda vez que nos engajamos numa tarefa. Fazemos tarefas porque antecipamos uma necessidade de algum tipo, seja de comida, abrigo ou dinheiro para a aposentadoria.

> *Sua mente é a única coisa que você realmente pode chamar de sua.*

Às vezes, esperamos pelas coisas sem realmente nos planejar para elas. Todos nós sabemos como é fantasiar com como seria a vida se conseguíssemos um aumento dos bons, se publicássemos um livro que fosse aclamado ou comprássemos uma casa de praia. Quando sonhamos desse jeito, não damos bola para os detalhes de como chegar lá – ou imaginamos atalhos, como o chefe mudar-se para Bornéu, um surto de criatividade num fim de semana chuvoso ou um investimento inteligente no mercado de ações.

Esses pequenos atalhos são o motivo pelo qual não temos essas coisas com que sonhamos, por mais que sonhemos com elas. Não estamos usando os dois poderes da nossa mente juntos. Podemos imaginar alguma coisa, mas não nos planejamos para que ela se torne realidade. Em essência, este livro lhe ensinará a conectar os poderes da sua mente e colocá-los para trabalhar.

REIVINDICANDO O QUE É SEU

Napoleon Hill gostava de dizer que sua mente é a única coisa que você realmente pode chamar de sua. Dinheiro e propriedade podem ser perdidos ou tomados de você. Entes queridos podem morrer ou abandoná-lo. Você pode acabar preso, de modo que nem mesmo sua vida será de fato sua. Mas sua mente é algo que sempre poderá ser sua. Você pode escolher o que ela pensa e como ela pensa.

Entretanto, a maioria das pessoas não exercita esse direito fundamental.

Sua primeira reação diante dessa frase é, provavelmente, zombar dela. Afinal, você não vive num Estado totalitário nem é membro de uma seita. Sabe que toma as próprias decisões o tempo todo – e algumas delas são boas pra caramba. E mesmo quando você tem que fazer algo que não quer fazer, sabe disso e não fica contente com isso.

Mas deixe-me fazer uma pergunta: por que, então, você está lendo este livro?

Porque você não tem o que mais quer ter na vida.

Se você realmente tivesse controle total da sua mente, teria o que quer ou estaria tão obviamente a caminho de chegar lá que não estaria buscando ajuda. O fato é que você ainda não começou a controlar sua mente e seus pensamentos.

Deixe-me dar-lhe uma pequena lista das coisas que estariam acontecendo com você se tivesse controle total dos seus pensamentos:

1. Todos os dias você estaria fazendo alguma coisa que o levaria para mais perto da sua meta.

2. Todas as vezes que tivesse que fazer algo que não queria fazer, encontraria um jeito de fazê-la ser recompensadora para você.

3. Toda vez que recebesse uma notícia ruim, encontraria uma notícia boa que viesse com ela.

4. Todas as pessoas ao seu redor seriam fontes de inspiração.

Essas coisas parecem impossíveis? Pois não são, e este livro pode ensiná-lo a fazer todas elas acontecerem.

O primeiro passo é entender que você não pode controlar tudo que acontece na sua vida. A empresa para a qual você trabalha pode ser vendida, a economia pode mudar, podem ocorrer acidentes, as metas e os objetivos de outras pessoas podem sofrer reviravoltas, podem aparecer doenças, e por aí vai. Não há como impedir que essas coisas aconteçam, ainda que elas levem a vaca para o brejo nos seus planos para sua vida.

O que você pode controlar é a maneira como reage a tudo isso. Esses desastres podem paralisar sua capacidade de tomar decisões, enchê-lo de raiva, acordar os seus piores medos ou fazê-lo afundar na depressão. Ou podem servir como desafios, oportunidades e sinais de alerta. Você pode decidir tomar o controle da situação na qual se encontra e usar seus poderes mentais para achar um jeito de transformar a má notícia numa vantagem.

Tomar o controle da sua vida desse jeito depende completamente de tomar as rédeas da sua mente. E visto que você é a única pessoa que tem esse poder, ninguém mais vai fazer isso por você.

O QUE VEM DAQUI EM DIANTE

Deixe-me delinear brevemente o que você vai aprender com este livro e como ele vai ajudá-lo.

Ser positivo

A principal técnica para controlar os pensamentos é aprender a manter uma Atitude Mental Positiva, ou AMP. "AMP" é um termo que Napoleon Hill usava que, desde então, entrou para o vocabulário geral da escrita inspiracional. Você o encontrará, ou as ideias que ele expressa, nos trabalhos de muitos escritores importantes, incluindo Og Mandino, Anthony Robbins, Zig Ziglar e Susan Jeffers.

Napoleon Hill definia a AMP como um estado de espírito confiante, honesto e construtivo que você cria e mantém com métodos da sua escolha. W. Clement, sócio de longa data de Hill, acrescentava que "uma Atitude Mental Positiva é o pensamento, a ação ou a reação correta e honesta para uma dada situação ou conjunto de circunstâncias".

Eu lhe fornecerei toda uma lista de exercícios para desenvolver e manter a Atitude Mental Positiva. A AMP lhe dará o controle mental do qual você precisa para buscar seu objetivo com clareza emocional, maior habilidade de planejar, persistência obstinada e alegria de dar um passo a mais.

Pensar em sintonia

Talvez existam pessoas que conseguem exatamente o que querem da vida sem a ajuda de ninguém – pessoas que sempre têm todo recurso de que precisam, todo o conhecimento de que necessitam e todo o tempo do mundo apenas para si mesmas –, mas não faço ideia de quem elas sejam.

Você vai precisar de ajuda e pode obtê-la por meio de um arranjo que Napoleon Hill chamava de MasterMind. É um jeito de colocar um grupo especial de pessoas – talvez duas, talvez vinte – para trabalhar rumo a uma mesma meta. Todos partilham *expertise*, tempo, dedicação e tudo mais que puderem trazer para a mesa. Você pode começar um grupo como esse e usá-lo para ajudá-lo a alcançar sua meta.

Entender o que você quer

Como esta introdução enfatizou repetidas vezes, você não pode ter tudo, mas pode ter o que quiser. A chave é descobrir o que você quer da vida. Não há como seguir adiante, para lado nenhum, enquanto não tiver certeza disso. Napoleon Hill sempre dizia: "Primeiro saiba o que você quer".

O motivo pelo qual o conceito de AMP precede o de definir o seu propósito principal neste livro é que, com a AMP, você terá liberdade para livrar-se de quaisquer ideias negativas acerca daquilo que é capaz de fazer. Talvez você queira fazer grandes mudanças na sua vida – a AMP o ajudará a ver que essas mudanças são possíveis. Talvez tenha que abrir mão de umas ideias antigas acerca do que você é e do que não é capaz de realizar. Você pode fazer tudo isso.

E ainda que já saiba precisamente o que quer realizar, você descobrirá que esse princípio joga luz sobre os detalhes que o estavam confundindo até agora e os obstáculos no seu caminho. Esse conhecimento será essencial para seguir para o conceito seguinte.

Fazer o seu plano

Até mesmo a mais nítida das metas ficará para sempre lá longe, no horizonte, a não ser que você saiba como e quando vai alcançá-la. É absolutamente necessário ter um plano para conseguir o que você quer da vida, e esse plano deve estar carregado de detalhes.

Uma ideia central deste livro é que *você* controla o seu plano: não é ele que controla você. Você não precisa se preocupar em ficar preso na busca de algo que pode perder a importância para você ou fazer tanto sacrifício que pode tornar sua meta em algo insignificante. Lembre-se de que todo esse processo se trata de alcançar o sucesso conforme você o define.

Acender o fogo

Com a sua definição de sucesso completa, você precisará começar a abastecer sua determinação para alcançá-lo. A mais poderosa fonte de energia para o seu trabalho é o seu entusiasmo para obter o que você quer. Usado adequadamente, o entusiasmo será um dínamo que o empurrará para a frente e fará acontecer as coisas que você quer.

> *A mais poderosa fonte de energia para o seu trabalho é o seu entusiasmo para obter o que você quer.*

O entusiasmo é algo que você mesmo pode criar. É mais fácil de criar quando você está trabalhando por algo que deseja, mas você também pode recorrer a ele quando estiver enfrentando tarefas que pareçam incrivelmente triviais ou intermináveis. Ele tem uma conexão forte com a AMP, e as duas forças, juntas, amplificam uma à outra num ciclo sem fim.

Uma vez que aprender a aproveitar essa reação em cadeia, você descobrirá que tem incríveis reservas de energia. Será capaz de contagiar outras pessoas com essa energia – e elas o apreciarão por isso. Pode até desenvolver gatilhos mentais que liberam um jorro de entusiasmo quando você mais precisa disso, de modo que, por mais chato ou desagradável que seja um obstáculo com que se depara, você será capaz de lidar com ele e fazer progresso.

Sobreviver à decepção

Você sofrerá uns tropeços conforme busca o seu propósito maior definido. Não há nenhum jeito de evitar contratempos e reveses. O mundo não lhe entregará o que você quer só porque você pediu – o mundo não foi feito desse jeito.

O que separa as pessoas bem-sucedidas das fracassadas é como elas reagem a más notícias.

O que separa as pessoas bem-sucedidas das fracassadas é como elas reagem a más notícias. Mais uma vez, a AMP será crucial nos seus esforços, mas esqueça qualquer esperança de que ela simplesmente lhe permitirá fazer vista grossa para as coisas que você não quer admitir. Será preciso que você as olhe de frente, cara a cara, que as entenda e, então, faça algo com aquilo que as causou.

Você também descobrirá como repensar sobre decepções que já vivenciou e entender como elas aconteceram com você. Algumas delas podem ter sido culpa sua, e você terá que aceitar essa verdade e decidir como impedir que essas decepções aconteçam de novo. Algumas delas podem ter sido coisas que estavam totalmente fora do seu controle. Ainda assim, será crucial descobrir se elas ainda estão afetando o jeito como você vive a vida e então decidir o que fazer com relação a isso.

Igualmente importante será reconhecer que toda coisa negativa que já lhe aconteceu pode ser transformada em algo positivo. Isso pode parecer impossível para você agora, no ponto em que se encontra, mas você pode extrair algo de bom e valoroso de toda decepção que já enfrentou. Quando aprender a fazer isso, ganhará um poder enorme sobre sua vida.

Ficar na rota

Às vezes, ficamos atolados nos detalhes. Há tantas coisas diferentes que precisam ser feitas – tarefas chatas, repetitivas, que quase não oferecem gratificação de curto e longo prazo. A vida de ninguém oferece uma vitória triunfante atrás da outra, e é fácil ser distraído por coisas que nos causam pelo menos um contratempo ou revés momentâneo.

> *A autodisciplina é a chave para garantir que você continue trabalhando rumo aos seus objetivos.*

A autodisciplina é a chave para garantir que você continue trabalhando rumo aos seus objetivos e não fique preso na lama. Você pode se treinar para fazer progresso diário – progresso que possa ver e reconhecer – rumo às coisas que quer. Igualmente importante, você descobrirá que a autodisciplina será mais uma ferramenta que pode usar quando enfrentar a decepção – ou quando decidir expandir suas ambições e lutar por muito mais do que você achava possível obter no início.

Não pense que isso significa se tornar um robô sem alma. A autodisciplina não se trata tanto de negação, mas mais de buscar as suas metas. A autodisciplina pode liberá-lo, excitá-lo e lhe dar uma sensação de controle não somente sobre si mesmo, mas sobre todo aspecto da sua vida.

Assumir alguns riscos

Você terá que se tornar vulnerável se quiser o sucesso. Ainda que a segurança seja um elemento central no que você define como felicidade, terá que arriscar e fazer mudanças na sua vida que podem desencorajá-lo e até lhe dar medo. Talvez tenha que colocar um pouco de dinheiro em jogo, abrir mão de uma situação confortável ou alterar as dinâmicas das relações que fazem parte de como você se define.

> *A fé aplicada lhe dá força para enfrentar desafios que talvez você tenha evitado no passado.*

Para isso, você precisará de algo que Napoleon Hill chamava de *fé aplicada*. Trata-se da vontade de agir sobre a suposição de que as coisas sairão do jeito que você quer enquanto, ao mesmo tempo, você faz tudo que pode para tornar possível esse resultado. A fé aplicada não é o mesmo que a fé religiosa, embora, se você tiver esta, provavelmente verá algumas semelhanças. A fé aplicada é encontrar a coragem para agir segundo a crença de que as suas metas valem a pena e são alcançáveis.

A fé aplicada lhe dá força para enfrentar desafios que talvez você tenha evitado no passado. Ela lhe permite concluir que erros e fracassos passados não têm que ser repetidos. A fé aplicada o liberta para olhar para algo que já é bom, ver como poderia ser melhor e melhorar isso. Agir com a fé aplicada pode intimidar, mas, toda vez que fizer isso, você terá uma sensação de satisfação que fará valer a pena qualquer medo que tenha de enfrentar.

Pensar grande e pequeno

Desde o momento em que você começou a tentar definir sua meta, estava lançando mão da sua imaginação – o poder criativo da sua mente. Sua imaginação é sempre ativa, mas nem sempre faz o que você quer. Você pode mudar isso.

É quase impossível enfatizar demais o que se pode alcançar com a imaginação como sua aliada. Você pode descobrir oportunidades, ampliar sua motivação e transmitir sua empolgação com relação aos seus objetivos para as pessoas com quem trabalha ou às pessoas que você ama. Mas pode, também, resolver pequenos problemas, eliminar distrações e descobrir caminhos totalmente novos para conseguir o que quer.

Você pode usar muitas técnicas diferentes para inspirar sua imaginação e treiná-la para lhe dar apoio. Toda vez que colocar sua imaginação para trabalhar, ela ficará mais forte, mais flexível e mais criativa. A maioria dessas técnicas pode ser aplicada em qualquer momento e em qualquer lugar, e você pode facilmente ensiná-la para outras pessoas. Quando fizer isso, ficará cercado por uma abundância incrível de criatividade e *insight* dos quais será capaz de lançar mão diversas vezes conforme avançar rumo ao seu propósito maior.

Tomar as rédeas do mundo

Correndo o risco de parecer um artigo de revista, juro que você pode influenciar mais os outros ao se tornar uma pessoa instigante e inspiradora que os demais queiram conhecer. Estou falando de desenvolver

> *Exceder as expectativas das pessoas é incrivelmente recompensador.*

sua personalidade. Você pode ter uma visão de si mesmo como uma pessoa confiante que projeta determinação, recebe ajuda, demonstra confiabilidade e é agradável de ter por perto. Essas são maneiras comprovadas, confiáveis e autênticas de expressar esses aspectos de si mesmo, e você pode dominar cada uma delas.

Um benefício imediato é que você construirá o autorrespeito. Ganhará fé no que está tentando fazer e será capaz de expressar essa fé. E descobrirá também que começará a ganhar mais aliados na sua busca. As pessoas vão querer ajudá-lo porque terão prazer em ver seu sucesso. Será uma transformação incrível que aumentará imediatamente o prazer que você obterá com a vida.

Viver uma vida de valor agregado

Napoleon Hill chamava isso de "dar um passo a mais". Significa fazer mais do que se espera que você faça, com alegria e prazer. Não significa ser capacho de alguém ou ser covarde. A vida com valor agregado é um modo de viver e trabalhar que pode fazer parte de todas as relações que você terá para o resto da vida.

Exceder as expectativas das pessoas é incrivelmente recompensador. Você reforçará constantemente o seu senso de autoconfiança. Terá orgulho do trabalho que fizer – ainda que não o aprecie, às vezes. Descobrirá, também, que as pessoas ficam inspiradas em retribuir suas boas ações à altura, especialmente as pessoas que têm mais chances de ajudá-lo a alcançar sua meta.

É certo que, inevitavelmente, algumas pessoas vão tirar vantagem desse jeito de viver. No entanto, confie que, se você oferecer a essas pessoas mais do que elas lhe oferecem, estará preparado para seguir em frente e para longe delas mais cedo do que se ficar ressentido e magoado com elas a todo momento, no seu trabalho. Ao mesmo tempo, você ficará feliz consigo mesmo, que é um dos estados de espírito mais valiosos.

Você ficará feliz consigo mesmo, que é um dos estados de espírito mais valiosos.

Pensar como chefe

Se quiser tomar o controle de todas as coisas na sua vida, você precisará pensar e agir como se fosse a pessoa que está no comando. Isso tem que acontecer muito antes de você alcançar sua meta, e tem que ser aplicado em coisas grandes e pequenas. Chama-se "mostrar iniciativa".

Mostrar iniciativa faz você brilhar num mundo cheio de pessoas que estão apenas de passagem.

A iniciativa requer reconhecer uma meta, fazer um plano e seguir com ele. Imagine o que aconteceria se você tivesse atitudes positivas em todas as suas relações, em casa e no trabalho, dando passos concretos para buscar metas mútuas e demonstrando que consegue alcançar o que se coloca a fazer. Você seria mais valioso nessa relação, mais admirado, e confiariam mais em você. Você teria mais voz quanto ao que estava acontecendo e que iria acontecer.

A iniciativa pode se tornar um hábito empolgante, excitante. Pode começar nos menores dos detalhes das coisas que você faz e passar rapidamente a englobar tudo em que você se envolve. Ela o empodera, mesmo em situações em que você está trabalhando para outra pessoa. Mostrar iniciativa faz você brilhar num mundo cheio de pessoas que estão apenas de passagem. E ela lhe dará a satisfação de realizar coisas todos os dias.

Ter boa saúde mental

Como o seu corpo, sua mente pode ficar eficiente e torneada, capaz de trabalhar duro com grande resistência. Você precisará de duas habilidades correlatas para isso acontecer: pensamento preciso e atenção controlada.

O pensamento preciso é a habilidade de organizar as coisas, definir prioridades e reconhecer fatos em meio à ficção, bem como saber quando você não tem informação suficiente para fazer essa distinção. A atenção controlada é ter o poder de evitar distrações. Essas duas qualidades são muito próximas e têm também relação forte com a sua habilidade de usar a imaginação.

Ter a mente em forma faz você ter controle da sua vida.

A boa forma mental terá um impacto em quase todo outro aspecto do que está aprendendo neste livro, porque lhe dá autodisciplina, organiza sua iniciativa e controla seu entusiasmo. Mais importante ainda, no entanto, isso faz parte de estar no controle de como você pensa e, portanto, de quem você é. Ter a mente em forma faz *você* ter controle da sua vida.

Criar harmonia

Alcançar o seu grande propósito depende inteiramente de você. Entretanto – e este é um grande "entretanto" –, ter a vida que você quer é quase impossível sem um pouco de cooperação das outras pessoas. Sua jornada será mais tranquila, ligeira e agradável quando você entender como colocar as pessoas para ajudá-lo.

A base da cooperação é a interseção de interesses pessoais. Embora possa parecer óbvio que duas ou mais pessoas que têm uma meta em comum naturalmente trabalhariam juntas, isso não costuma acontecer. Conflitos de personalidade, discordância acerca de métodos e falta de referência comum costumam sabotar muitas possíveis relações cooperativas.

Isso não tem que acontecer com você. Você pode se tornar uma pessoa que cria o tipo de harmonia que permite ocorrer a cooperação. É preciso que atue de modo deliberado e minucioso, e você precisa de muitas das habilidades que aprendeu nos tópicos anteriores para fazer isso com eficiência: imaginação, entusiasmo, pensamento esclarecido e uma personalidade de vencedor. Mas se combinar todas essas qualidades na busca da harmonia, você poderá reunir muitas pessoas na procura pela sua meta.

Gerenciar seus recursos

Para a maioria, tempo e dinheiro parecem sempre estar em falta, e há batalhões de pessoas nos requisitando ambos. Nem sempre você consegue aumentar seu estoque de nenhum deles, mas, se prestar bastante atenção a como o seu tempo e o seu dinheiro são gastos e economizados, você terá a sensação de que tem mais de ambos.

Muitas técnicas simples podem lhe dar controle real sobre como você gasta tempo e dinheiro. Ter noção das suas ideias inconscientes acerca de como usar dinheiro e tempo é o primeiro passo para começar a fazer mudanças na maneira como lida com esses recursos cruciais.

Criar hábitos de bom gerenciamento de tempo e dinheiro vai tirar um peso enorme dos seus ombros, mesmo quando parecer que todo o dinheiro e o tempo que você tem estão indo para outras pessoas. Se aprender a controlar o fluxo desses recursos na sua vida, você ganhará um poder importante. Quanto antes começar a exercer certa autoridade sobre tempo e dinheiro, mais descobrirá que estão disponíveis para você.

Viver de forma inteligente

Manter-se saudável é essencial para ser capaz de buscar e apreciar qualquer coisa que você mais queira na vida. A maioria das pessoas, no entanto, não pensa explicitamente em saúde quando imagina aonde quer chegar. Como consequência, ignoramos a saúde ou concluímos que cuidar da mente e do corpo é algo que podemos sacrificar na busca por nossas metas.

Isso é um grande erro. Você precisa de corpo são e mente sã para chegar aonde quer estar. Esqueça a ideia de aproveitar os frutos do seu trabalho: você vai cair duro no chão se tratar a si mesmo como um animal de fazenda sobrecarregado.

> *Você precisa de corpo são e mente sã para chegar aonde quer estar.*

Será preciso tomar decisões claras acerca de cuidar de si mesmo se quiser ser bem-sucedido algum dia.

Fazer a grande conexão

Por fim, você precisará reunir todas as ideias que vai aprender neste livro. Ao longo do caminho, verá como elas se relacionam, mas a cola que as une numa filosofia coerente é uma ideia maravilhosa sobre como o mundo e o universo funcionam. Não vou falar muito sobre essa ideia aqui, em parte porque quero que você procure as conexões por conta própria, e em parte porque tudo fará muito mais sentido para você quando tiver lido cada um dos capítulos e começado a aplicá-los na sua vida. Há muito mais neste livro e nas ideias de Napoleon Hill do que a simples leitura pode lhe revelar. Será preciso ter um pouco de experiência, colocando tudo isso em prática, para contemplar totalmente tudo que pode fazer para mudar sua vida.

Dar o mergulho

A ação é absolutamente essencial.

Você está pronto para ter o que mais quer na vida? Tenho certeza que sim.

Mas deixe-me alertá-lo de uma coisa: nunca será suficiente apenas ler este livro. Você terá que agir. Terá que seguir todas as pequenas e grandes sugestões e incorporá-las na sua vida. A ação é absolutamente essencial.

E essa ação terá consequências.

Sua vida vai mudar. Você terá a sensação de que se tornou outra pessoa. As outras pessoas vão notar que você mudou. Elas vão mudar o jeito como reagem a você, e as ideias que têm sobre quem você é e o que você pode fazer vão mudar também.

Nada mais será como antes.

Mas isso é parte do que você queria, certo?

Vamos começar!

CAPÍTULO 1

SER POSITIVO

"Uma atitude mental positiva é o fundamento de todo sucesso, e, para ser mantida, a mente tem que ser alimentada com pensamentos positivos."

– Napoleon Hill

Vamos fingir, por um momento, que você está em apuros. Está no meio da rua, em uma cidade grande, e não tem mais nada além das roupas do corpo. Sua carteira está vazia. Você não tem emprego, não tem casa. Não tem amigos nem familiares para ajudá-lo. O que você faz?

É um dilema desconcertante, não? Você procura trabalho, abrigo? Tenta arranjar algum tipo de assistência? Implora a um transeunte? O que vai ser de você? Você não tem nada para chamar de seu exceto as roupas que está vestindo.

Ou tem algo mais?

Claro que tem. Você tem o bem mais valioso do mundo todo.

A sua mente.

Não estou falando de habilidades que você aprendeu, como ler e escrever, conhecimento acerca de lei de comércio exterior ou como trocar o óleo do carro. Essas coisas são inúteis para você – a não ser que reconheça, primeiro, que ainda detém um poder incrível: somente você pode controlar como e o que você está pensando. Se realmente controlar o seu pensamento, será capaz de lidar com a situação em que se encontra. Se não tomar o controle de si mesmo e dos seus pensamentos, você está acabado. Se você se flagrar sem dinheiro e sozinho, sua primeira reação provavelmente será uma mistura de medo, desespero e pânico. Afinal, você é humano.

Se tiver controle da sua mente, você não permitirá que todas essas emoções negativas o empurrem para o precipício. Entenderá que precisa criar um plano e fazer alguma coisa, e rápido. Saberá que ainda tem a habilidade e a liberdade de fazer alguma coisa, de fazer escolhas e tomar decisões. E nesse momento de saber que tem o poder da sua mente, você entenderá que pode mudar as circunstâncias em que se encontra.

A sua atitude mental faz toda a diferença no mundo para melhorar ou piorar as coisas. E mesmo em situações sérias, sua atitude mental determinará se as coisas vão melhorar ou piorar. Sua atitude mental sempre determina o que vai acontecer com você, no fim das contas.

RESOLVER FAZER A DIFERENÇA

Você precisará de uma atitude que diga: "Isso pode ser feito! Você consegue!". E precisa pensar desse jeito ainda que, nesse exato momento, não tenha uma ideia clara do que precisa ser feito ou como pode ser realizado. Existe tanto cinismo percorrendo nossa sociedade hoje em dia que é fácil zombar de uma descrição tão básica e essencial de uma Atitude Mental Positiva (AMP). A AMP sozinha não o levará até a sua meta. Você precisa de muito mais habilidades para chegar a algum lugar neste mundo. Mas não ter AMP é como tentar cruzar um lago a nado estando ainda amarrado a uma árvore na margem – você fica se prendendo.

Não existe Atitude Mental Neutra. Você pode ter somente AMP ou o seu oposto, uma Atitude Mental Negativa. Infelizmente, para a maioria das pessoas, a Atitude Mental Negativa é o modo padrão – a não ser que nos treinemos para o contrário. E uma Atitude Mental Negativa pode tomar conta de você mesmo que você não acorde todos os dias e diga algo como "alguma coisa vai dar errado hoje, e só vou piorar".

Como e por que a Atitude Mental Negativa se entranha na sua vida?

Para a maioria, isso começa na infância. As crianças têm uma curiosidade natural sobre o mundo, o que é algo ótimo, visto que nos impele a aprender. Mas, durante esses anos impressionáveis e vulneráveis, duas forças começam a agir e a refrear nossa exuberância natural: nossas experiências negativas e as atitudes das pessoas ao nosso redor.

Não existe criança alguma que não sofra uma ou outra queda feia enquanto está aprendendo a andar, se machuca ou se corta explorando um novo território ou descobre que alguma coisa que parece fofa e divertida é também quente, afiada ou barulhenta. Descobrir que precisamos ter cuidado é parte essencial de crescer. Depois que levamos uns sustos e tocamos um pouco de terror nos adultos que nos encontram berrando a plenos pulmões porque prendemos o dedo na porta, começamos a suspeitar de coisas novas, pessoas novas e situações novas.

Os adultos ajudam a reforçar essa suspeita. Nenhum pai quer encontrar o bebê brincando com alguma coisa afiada ou enfiando uma caneta numa tomada. Talvez não entendamos exatamente o que o papai está dizendo quando nos tira o objeto divertido, mas sabemos que ele está descontente. E não gostamos de ver os adultos descontentes.

> *Não há como remediar esses pensamentos se você não está ciente deles.*

Tudo isso continua conforme crescemos. Retemos energia suficiente para ter interesse em coisas novas, mas ainda assim tropeçamos, e, junto dos nossos pais, temos amigos, colegas de sala, professores, a televisão, os filmes e os computadores para nos lembrar que a vida é cheia de perigos. Quando vamos para longe de casa e dos entes queridos – criando uma família, construindo uma carreira –, os riscos são maiores, e continuamos sendo bombardeados pelas mensagens que nos falam de quão devastador pode ser o fracasso.

O resultado disso é que passamos a esperar por coisas ruins. Então criamos coisas ruins.

A AMP não é uma cura instantânea para tudo que o aflige. No entanto, é um primeiro passo essencial para mudar as coisas com as quais você está infeliz. A seguir, temos um sistema para você mesmo criar sua AMP.

IDENTIFIQUE O NEGATIVO

Para começar, você precisa reconhecer as ideias negativas que tem de si mesmo. Não é agradável passar um tempão pensando em coisas negativas, mas não há como remediar esses pensamentos se você não está ciente deles.

Pegue um caderno, de preferência algo pequeno e portátil, pois vai ser bom tê-lo sempre por perto. Você usará esse caderno para outras coisas também, então escolha algo com que ache agradável trabalhar. Certifique-se de que tenha capa, para sua privacidade. É bom se sentir seguro ao ser honesto consigo, e não se preocupar com a chance de outras pessoas lerem o que você escreveu.

Trace uma linha no meio da primeira página. Na esquerda, comece fazendo uma lista de coisas que você considera que são as suas falhas. Se lhe ocorrerem palavras feias, escreva-as. É importante que reconheça os seus padrões de pensamento. Se pensar "estou gordo", escreva "gordo", não "acima do peso". "Acima do peso" não é a expressão que aparece na sua mente quando você está se detonando em pensamento. É preciso que você realmente entenda o seu pensamento negativo.

Não passe mais do que cinco minutos trabalhando na lista. É fácil demais chafurdar-se nessas ideias horrorosas que você tem de si mesmo. Se terminar antes, ótimo. Não se esforce para obter ideias negativas.

Em seguida, revise a lista e risque quaisquer palavras que repitam as mesmas ideias.

Agora, no lado direito da linha, escreva a ideia oposta dos pensamentos negativos que você descobriu.

Passe o dia seguinte, ou talvez mais um, prestando atenção em com que frequência você toma uma decisão baseada numa dessas ideias negativas. Você evita oferecer uma sugestão porque *você* pensou nela, e *você* não é inteligente o bastante? Não começa um projeto porque acha que é preguiçoso? Come alguma coisa de que não precisa porque já "sabe" que está gordo?

Arrisco que você ficará admirado com a frequência com a qual se limita. Provavelmente, descobrirá também que, de todas as coisas da sua lista, há duas ou três que aparecem mais comumente. Você logo verá que algumas ideias negativas são a raiz de muitas das outras.

Não se refestele na agonia dessas descobertas, porque, toda vez que pensar numa dessas coisas terríveis sobre si mesmo, vai reforçar essa ideia. O que você precisa fazer imediatamente é começar a substituir essas impressões negativas acerca de si mesmo por impressões positivas.

> *Você logo verá que algumas ideias negativas são a raiz de muitas das outras.*

TRANSFORMAÇÃO

Agora que você está ciente das suas ideias negativas que se realizam por conta própria, é hora de começar a purgá-las do seu modo de pensar.

Isso não acontecerá da noite para o dia, e não acontecerá automaticamente. Será preciso que você tenha atitude consciente, regular, vigilante. Você vai alterar hábitos mentais que passou um bom tempo adquirindo. Mas será satisfatório – muito satisfatório.

Arranque a lista do caderno (será boa a sensação de se livrar dessas ideias odiosas). Agora, numa página em branco, para cada uma das suas antigas ideias ruins, escreva uma afirmação curta e concreta do oposto positivo dela. Escreva afirmações enfáticas. Não seja tímido, cauteloso ou modesto ao escrever. Não insira palavras ou frases para qualificar, como "às vezes" ou "muitas pessoas". Use o pronome "eu" em todas. E afirme as coisas de modo positivo, não negativo. Escreva "eu sou amigável", e não "eu não odeio ninguém".

> *Quando você tomar o controle da sua mente, tomando as rédeas dos pensamentos negativos, o seu lado positivo será liberado.*

Seja agressivo com essas afirmações. Não se censure pensando que você não é muito inteligente. Não se contente com a suavidade. Escreva alguma coisa incrível que você realmente gostaria que fosse sua verdade. Não vai demorar para descobrir que tudo isso realmente é a verdade.

Quando a lista estiver completa, escolha a ideia negativa que mais aparece nos seus pensamentos. Ao longo do dia seguinte, toda vez que perceber que essa ideia entrou nos seus pensamentos, repita a afirmação positiva três vezes, com vigor. Se puder apenas pensar, pense, mas, se puder dizer, e dizer com determinação, então diga!

No dia seguinte, acrescente uma segunda afirmação à sua lista de respostas rápidas. No terceiro dia, você já vai estar craque e poderá começar a usar todas elas.

Se você for como a maioria das pessoas, logo perceberá que as afirmações começam a aparecer na sua mente em outro conjunto de circunstâncias: quando você age de total acordo com a ideia que está expressando.

Sua capacidade de pensar positivo não morre jamais. Ela pode ser sobrepujada pelo pensamento negativo, mas ela está lá, ansiosa por se reafirmar. Quando você tomar o controle da sua mente, tomando as rédeas dos pensamentos negativos, o seu lado positivo será liberado. Enquanto você espera a empolgação de uma AMP, examine sua vida para encontrar maneiras com as quais você já estava agindo conforme se imaginou quando escreveu sua lista de afirmações.

A maioria das pessoas descobre que já existem circunstâncias nas quais elas são todas as coisas que escreveram na lista de afirmações. Essas situações são tão diferentes assim? Talvez você seja um líder forte na igreja, mas se flagre menos assertivo no trabalho. Se foi ferrenho com o orçamento fiscal do ano passado no seu departamento, quem sabe esse mesmo olhar para dinheiro e detalhe possa ser aplicado ao gerenciar a reforma da sua casa. Você encontrará um monte de possibilidades bem rápido.

Não seja tímido nem hesite em expressar essas descobertas que faz de si mesmo. Sim, pode haver uns solavancos. As pessoas talvez fiquem surpresas; talvez resistam ao "novo" você. Talvez você tenha que ir tateando por um tempo. Mas lembre-se de que está agindo de modo positivo, admirável, e, ainda que as coisas não deem certo logo na primeira vez, você estará melhor do que se se deixar ficar na mesma velha rotina que o tornava tão insatisfeito com a vida que você até comprou um livro para aprender a mudá-la.

Em pouco tempo você terá completado sua transformação. Terá removido um monte de ideias limitantes e negativas sobre si mesmo do seu cérebro que foram substituídas por ideias empolgantes, positivas e verdadeiras.

O PREÇO DA ADMISSÃO

Você já assistiu ao musical *Como vencer na vida sem fazer força?* Um rapaz insosso vai para o topo da escada corporativa com a ajuda de um inútil livro de conselhos. O espetáculo faz uma paródia de algumas ideias famosas acerca da motivação pessoal, e é divertido. Outra peça, *A morte do caixeiro viajante*, de Arthur Miller, é uma tragédia terrível sobre o fracasso do sonho americano para uma família que achava que estava fazendo tudo que era necessário para serem ricos e felizes. Infelizmente, estavam todos se enganando.

Ambas as peças levantam boas questões acerca da habilidade que teria o poder do pensamento positivo de, sozinho, fazer você alcançar o seu propósito maior definido. Ambas postulam o seguinte ponto: só porque você quer alguma coisa e diz a si mesmo que pode ter, isso não significa que vai conseguir.

A AMP não se trata de fantasiar. Não se trata de enganar a si mesmo ou outras pessoas. Na verdade, ela requer precisão e sinceridade consigo e com os outros. Não se trata de pedir ao universo que lhe dê uma pequena fortuna e esperar encontrá-la numa gaveta da cômoda na manhã seguinte.

A AMP é realista, otimista e construtiva. Cada uma dessas qualidades depende da outra. Pessoas diferentes, nas mesmas circunstâncias, todas usando AMP, podem reagir de modos muito individuais, mas estes sempre serão realistas, otimistas e construtivos. Somente quando você for todas essas três coisas é que sua AMP será realmente capaz de fazer algo por você.

Ser *realista* requer que você reconheça as suas circunstâncias pelo que são. A essa altura, você não precisa fazer julgamento algum acerca de se a situação é boa ou ruim, mas não pode ter medo de admitir que a situação não está como você quer. O *otimismo* significa que você age sob a suposição de que as coisas podem ser melhoradas, e ser *construtivo* significa que você está disposto a fazer algo concreto sobre as suas circunstâncias.

A AMP funcionará somente se você planejar dar às pessoas algo ainda mais valioso do que o que vai obter delas. Esse "algo valioso" pode ser bens, serviços, sensações ou conhecimento, mas tem de ser real, e você tem que lhes dar mais do que recebe delas.

Isso pode parecer paradoxal, mas é necessário. É a essência de ser construtivo, porque significa que você está acrescentando valor ao mundo, fazendo dele um lugar melhor. Não é preciso ser como a Madre Teresa, com sua missão de mudar o mundo, mas você deve estar preparado para melhorar as coisas para as pessoas com quem você lida.

O que importa é estar disposto a dar mais do que recebe.

Se estiver, a AMP vai trabalhar por você.

AMP CRESCENTE

Trabalhar com AMP pode ser uma experiência inebriante. Você valorizará os momentos em que se perceber superando um obstáculo ou tentando fazer algo que tinha medo de fazer. Coisas boas lhe acontecerão, e esses bons momentos serão um grande reforço para sua nova atitude mental.

Entretanto, haverá alguns solavancos. Suas habilidades de AMP ainda são novas e vulneráveis, e podem acontecer coisas que interromperão o seu progresso. Alguém pode fazer um comentário que o ofenda. Um plano realista, otimista e construtivo pode ser emboscado por um acontecimento que o tire da trilha e o deixe se perguntando se você não esteve fazendo papel de bobo esse tempo todo.

Aqui estão duas maneiras de fortalecer sua AMP para começar com um pouco de resiliência. Esses exercícios são ótimos para reforçar sua atitude mental, mesmo se você acabou de começar a usar sua AMP ou se já é um usuário veterano que já obteve diversos triunfos. A natureza da sua atitude mental é algo que você escolhe, e você pode fazer coisas conscientes, deliberadas, para reforçar essa atitude. Toda vez que toma uma decisão sobre sua atitude – mesmo quando não há nada por perto para ameaçá-la –, você está fortalecendo sua escolha, reforçando sua decisão.

Escreva um credo. Um credo é uma declaração de crenças. Muitas organizações têm um desses porque dá às pessoas algo a que se voltar quando elas precisam de ajuda para se manter firmes nas metas e ideias que unem os membros dessa organização. Às vezes, chamam-no de declaração de missão ou *slogan*, mas a função é a mesma. É possível criar esse mesmo tipo de declaração para si mesmo. Pense nela como uma promessa que você faz para si sobre o que você quer e quem você é.

Seu credo deve ser escrito com o mesmo tipo de linguagem enfática, concreta e positiva que você usou para as afirmações positivas do início deste capítulo. Não tem que ser longo nem poético: você só precisa se certificar de que ele toque todas as questões que você resolveu abordar. Tampouco tem que ser escrito em pedra. É possível adaptá-lo conforme sua vida for mudando, inserindo novas ideias empolgantes sobre si mesmo.

Depois de ter escrito um credo de que goste, ponha uma cópia em algum lugar no qual possa lê-lo todos os dias. Pode colar no espelho do banheiro, colocar dentro da agenda, fazer dele uma janela *pop-up* no computador ou só guardar dobrado dentro da carteira ou da bolsa. Qualquer lugar funciona, contanto que você o veja bem cedo, todos os dias. Faça uma pausa para ler toda vez que o vir. Você estará reforçando a crença no seu credo toda vez que o ler. Se quiser colar cópias em todo canto da sua casa ou do escritório, fique à vontade.

Contudo, não mostre para ninguém, por enquanto. Há dois motivos para isso. Primeiro, as outras pessoas talvez não entendam nem um pouco por que você está fazendo isso. Podem rir, fazer perguntas embaraçosas ou tentar deixá-lo envergonhado. Você não deve a ninguém uma explicação do que está fazendo, principalmente para alguém que tenha inveja de você saber exatamente quais são os seus pontos fortes. Lembre-se de como se sentia antes de ter descoberto a AMP: você não se sentiria ameaçado por alguém que parecesse ter uma noção tão clara de si mesmo? Por ora, mantenha seu credo só para si.

Segundo, dê a si mesmo tempo para descobrir coisas sobre você e o seu credo. Talvez descubra que ainda tem um aspecto importante das suas forças que você deixou passar e não está reforçando. Talvez decida mudar a ordem das frases, para enfatizar as coisas de outro jeito, ou afirmá-las de modo ainda mais concreto e poderoso. Fique à vontade para fazer mudanças como essa uma semana depois de ter escrito o seu credo ou mesmo depois de anos. A única pessoa que tem de ficar satisfeita com ele é você.

Em pouco tempo, você perceberá que memorizou o seu credo. Continue lendo-o diariamente mesmo assim. Deixe que a leitura se torne um ritual, um sinal para si mesmo de que você acredita no seu credo e que ele vale a pena. Faça da leitura uma parte do seu dia a dia. Não deixe de ler nos fins de semana ou nas férias. Leia sempre.

Quando tiver memorizado o seu credo, ele será uma superafirmação. Ele estará lá na sua mente nos momentos de crise e de tomada de decisão. Vai ajudá-lo a encontrar o caminho em novo território e a se livrar de problemas antigos. Se o seu credo estiver reverberando na sua mente quando você for confrontado com incerteza ou oportunidade, ele esclarecerá o seu pensar e ajudará a guiá-lo para as escolhas que o levam para mais perto da sua meta.

O segundo exercício, chamo de "preencher os espaços". Quando você se encontrar bem no meio do enfrentamento da sensação de desastre iminente, sua mente tenderá a ficar cobrindo o mesmo território sem parar. Você ficará obcecado com coisas ruins que você teme que estão prestes a acontecer ou que vão ser a consequência de algo ruim que já aconteceu. Isso não é AMP.

A solução? Você tem que se forçar para se concentrar nas coisas boas que podem acontecer.

Guardo comigo um cartão, algo como uma pergunta em duas etapas que faço a mim mesmo quando preciso dar um empurrão na AMP. Ele diz assim:

1. O melhor resultado que poderia acontecer em resposta ao desafio de … é _____
2. Esse melhor resultado acontecerá se eu _____
_____

Tente responder a essas duas perguntas. Talvez pareça impossível quando você olhar para elas pela primeira vez, mas se esforce! Você está tentando tomar o controle do seu pensamento num caso desses, e, só porque os seus primeiros pensamentos estão cheios de desastre, isso não significa que você não pode substituí-los por algo melhor. Fique à vontade para pensar grande. Seus pensamentos de desastre não eram calmos, racionais e comedidos, então não sinta a necessidade de agir desse jeito quando for contra eles. Quando sentir que sua postura positiva de pensamento se reafirmou, você pode afrouxar as velas um pouco – se achar necessário. Mas fique aberto à possibilidade de que você realmente tenha achado um jeito de reverter uma situação negativa.

Ter uma AMP é uma bênção que você confere a si mesmo. Além disso, ninguém pode jamais tirá-la de você. Se reparar que deixou sua

AMP ficar fraca – ou que a perdeu por inteiro –, não se desespere. Você pode resolver recriá-la a qualquer momento, onde quer que esteja e em qualquer coisa que esteja fazendo. Ela pode preenchê-lo ao máximo num instante e colocá-lo de volta no controle quando as coisas parecerem totalmente fora de curso.

Claro que sua AMP é muito mais valiosa quando você trabalha para sustentá-la o tempo todo. Ela o faz flutuar, impede que você se sinta sobrepujado e lhe dá a energia para fazer o que precisa ser feito. Você ficará muito satisfeito com a AMP conforme ela ficar mais forte, e ficará bastante surpreso com como ela começa a influenciar as pessoas ao seu redor. Afinal, uma pessoa motivada, positiva, pode iluminar uma sala completamente e dar brilho a todo mundo.

O que você acha que aconteceria se sua AMP se somasse à AMP de outra pessoa? E se você e essa pessoa estivessem tentando fazer as mesmas coisas, viajando na mesma estrada?

Você está percebendo o potencial para algo muito poderoso e empolgante?

Pode acreditar nisso.

CAPÍTULO 2

PENSAR EM SINCRONIA

"Uma pessoa tem controle total sobre apenas uma coisa, que é o poder dos seus pensamentos."

– Napoleon Hill

O PODER DO PENSAMENTO

Alianças de MasterMind dependem do conhecimento acerca de como os seres humanos pensam e se comportam. Para fazer uma aliança de MasterMind florescer, você precisa ter controle dos seus pensamentos, motivo pelo qual é tão importante que comece a desenvolver a AMP assim que possível. Se você – ou qualquer um que você traga para o seu MasterMind – for dominado pelo pensamento negativo, vocês não vão muito longe. Na verdade, provavelmente levarão um ao outro ainda mais a fundo no território da negatividade.

A aliança de MasterMind depende da habilidade de uma mente humana de influenciar e ser influenciado pelos pensamentos de outra mente. Quando Napoleon Hill a descreveu pela primeira vez, ele comparou o cérebro a um rádio de ondas curtas, que tanto transmite quanto recebe mensagens. Era uma metáfora das melhores, mas a tecnologia, seguindo o modelo do pensamento humano, nos deu um exemplo mais próximo na rede de computadores: uma série de processadores independentes conectados e partilhando dados, mas cada processador sendo capaz de trabalhar numa tarefa diferente ao mesmo tempo.

Numa rede, cabos, linhas de telefone e conexões de infravermelho unem todos esses processadores e lhes dão a habilidade de partilhar informação e coordenar tarefas. Os seres humanos não têm esse tipo de aparato mecânico. O que pode conectar nossas mentes para que possamos funcionar como um grupo de MasterMind?

Nossos pensamentos, em si, têm o poder de fazer essa ligação.

Entre em qualquer igreja numa manhã de domingo e você encontrará um grupo de pessoas cujas mentes estão unidas como parte do culto de adoração. Congregações diferentes têm estilos diferentes de adorar: alguns são quietos e reverentes, enquanto outros são vibrantes e cheios de louvor tempestuoso. Claro que as pessoas escolhem a igreja com base no que querem do culto, então podemos supor que todos vieram com algumas expectativas acerca de como serão as coisas. É muito improvável que você encontre um banco cheio de pessoas de pé gritando "Graças a Deus!" bem em frente a um banco no qual todos estão de cabeça curvada em contemplação silenciosa.

Uma congregação tem um humor contagiante, e um espírito específico a dominará. Algumas das pessoas ali terão vindo prontas para expressar esse espírito. Outras estarão lá porque sentem a necessidade de se unir a esse espírito: elas querem ser varridas para dentro da experiência que sabem que será criada. Muito provavelmente o ministro, ou a pessoa que lidera o culto, estará fazendo de tudo, entre leituras e sermões, para ajudar a moldar o sentimento que todos partilham. E quando acaba o culto, se você for lá fora e conversar com as pessoas, elas ainda terão consigo esse mesmo espírito.

A conexão que a adoração cria acontece porque uma mente humana é suscetível às influências de outras mentes humanas. Uma congregação de igreja é composta de pessoas que vêm em busca dessa conexão, mas sua experiência depende da habilidade de uma mente de afetar a outra. Conexões similares acontecem quando um grupo de pessoas que não se conhecem se encontram numa circunstância extraordinária, como o concerto de um grande cantor ou um protesto político no qual fala um orador talentoso. Certamente, há sons, palavras e símbolos influenciando as pessoas ali também, mas, como você deve saber, a atmosfera que se cria é muito mais do que a soma das partes. Você gostaria de ser a única pessoa numa casa de espetáculos assistindo ao seu cantor favorito? Claro que não. Parte da experiência que você deseja é ser engolfado pela atmosfera de centenas ou milhares de outras pessoas vivenciando a mesma emoção. Você deseja essa conexão.

Um MasterMind opera sobre o mesmo fundamento. Mas, em vez de fazer uma conexão entre um grupo de pessoas que talvez não se conheçam, isso pode acontecer de forma constante o tempo inteiro. Os membros do MasterMind podem estar em salas separadas, em edifícios diferentes – até mesmo em estados diferentes –, e ainda assim apreciar o assomo de encontro e energia que as pessoas obtêm na igreja ou num concerto.

Além dessa elevação espiritual, os membros de uma aliança partilham o trabalho numa mesma tarefa, cada um fazendo a atividade para a qual é mais adequado. Além disso, eles aprendem um com o outro e inspiram um ao outro: a imaginação de um começa a atiçar a do outro, permitindo-lhes pensar em novas abordagens para resolver problemas. Todos podem partilhar da sensação de completude que vem quando uma pessoa conclui uma tarefa, e qualquer um que se sinta bloqueado ou frustrado sabe que pode procurar outro membro em busca de apoio, encorajamento e ajuda.

Essa ligação entre os membros é chamada de *aliança de Master-Mind* porque cada participante contribui para um estoque de energia mental que cada um dos membros pode acessar. É como se houvesse um membro extra da aliança que pode estar em qualquer lugar, a qualquer momento, para oferecer apoio, criatividade e inspiração exatamente quando mais se necessita. Você pode até pensar nisso como criar um anjo da guarda para si mesmo, um espírito cujo único propósito é ajudá-lo a alcançar uma meta valorosa.

Muitas pessoas que participam de um grupo de MasterMind descobrem que as qualidades de alguns dos outros membros começam a ser transferidas para elas. Detalhes técnicos que pareciam estar além da compreensão ficam mais claros. O ótimo senso de humor de um contagia todos os outros. O dom da imaginação começa a se manifestar até mesmo nos mais lentos. A habilidade de uma pessoa de se jogar numa atividade começa a aparecer em outros membros. Todo o processo é empolgante não somente pela meta que se pode alcançar, mas por causa do jeito como as pessoas compartilham e aprendem umas com as outras.

Essa empolgação, esse senso de crescimento e descoberta pessoal, não é apenas um efeito colateral de uma aliança de MasterMind. É realmente o verdadeiro propósito de forjar uma ligação com outras pessoas: para fortalecer quem você é e expandir as possibilidades do que pode fazer.

LIGAÇÃO COM UM PROPÓSITO

Para começar a criar uma aliança de MasterMind, você deve ter uma meta clara em mente. A essa altura, talvez não tenha uma ideia clara do que quer realizar na vida, mas não se preocupe com isso ainda. Por ora, trate este capítulo como uma lição acerca de como as pessoas pensam e trabalham juntas rumo a uma meta em comum. Não pense que você tem de ter uma aliança funcional antes do dia terminar.

Dei-lhe o exemplo de um culto de igreja agora há pouco porque, de muitas formas, uma aliança de MasterMind funciona da mesma maneira que uma congregação espiritualmente sólida. Ela tem uma meta específica (bem-estar espiritual) que incorpora muitos objetivos de curto prazo, como confortar aqueles que estão em necessidade, afirmar a fé comum e reconhecer marcos na vida (nascimento, casamento e morte). Os membros da congregação têm diferentes contribuições a fazer, assim como os membros de uma aliança de MasterMind. Alguns têm poder financeiro maior, outros têm conhecimento importante e outros são alicerces de determinação e entusiasmo.

A grande diferença entre uma congregação e uma aliança de MasterMind está em como elas se formam. As igrejas buscam novos membros e recebem qualquer um que esteja disposto a partilhar das crenças delas. Uma aliança de MasterMind é especialmente reunida, em geral por uma pessoa, e seus membros são escolhidos cuidadosa e deliberadamente. Os dois critérios mais importantes para os membros são (1) ser capaz de contribuir com uma habilidade necessária para fazer o trabalho e (2) ser capaz de trabalhar em harmonia com os outros.

MasterMinds fortes são formados em torno de pessoas cujas habilidades e forças se complementam. Às vezes, cada membro da aliança vem de um lugar muito diferente e tem uma especialidade específica. Mas, mesmo em casos em que todos os membros vêm da mesma profissão, um exame mais minucioso mostrará que cada um tem uma qualidade única que faz essa pessoa importante para a aliança. Um MasterMind de pesquisadores num instituto de ciências investigando uma nova teoria pode ser composto por um brilhante teórico, um cientista determinado, outra pessoa que está sempre a par do que outros cientistas estão fazendo, uma quarta pessoa com dom para arrecadar dinheiro para o trabalho da equipe e mais alguém que brilhe na hora de encontrar aplicações práticas para os resultados da pesquisa.

Ao compor o seu grupo de MasterMind, você precisará ser franco sobre as qualidades de que precisa nos vários membros. Se precisar de alguém que possa contribuir com dinheiro, encontre essa pessoa. Se precisar de conhecimento especializado, encontre alguém que o tenha. Não selecione pessoas só porque você gosta delas. É muito tentador quando você começa a lançar mão de amigos e familiares, porque eles são conhecidos e você acha que pode contar com o apoio deles. Não há nada de errado em recrutar alguém próximo, mas a pessoa que você escolher tem que oferecer algo que você possa apontar e dizer: "Precisamos disso, e ninguém mais pode oferecer".

O tamanho do seu grupo dependerá do propósito que você selecionou. Talvez precise de três pessoas, sete pessoas, treze ou mais. A aliança de MasterMind de Andrew Carnegie consistia em aproximadamente vinte pessoas dedicadas à meta de produzir e vender aço com eficiência.

O outro critério que você deve aplicar ao selecionar membros para o seu MasterMind é se essas pessoas conseguem funcionar bem em equipe. Algumas mentes brilhantes simplesmente não conseguem se dar bem com outras pessoas. Talvez sejam muito convencidos, talvez sejam ruins de comunicação ou se ressintam da pressão de cumprir a responsabilidade com o grupo. Não selecione pessoas como essas.

Competição, preguiça e ressentimento envenenarão quaisquer chances de harmonia.

Numa aliança de MasterMind, lembre-se de que você está tentando ligar todos os membros numa rede mental. Você quer que as pessoas partilhem da energia e da empolgação da tarefa em comum, e quer que elas deem essa energia e empolgação livremente uma à outra. É preciso ter harmonia para que isso ocorra.

Os membros devem viver em tranquilidade e ter respeito uns pelos outros. Competição, preguiça e ressentimento envenenarão quaisquer chances de harmonia, e logo as pessoas estarão cuidando de si mesmas em vez da aliança.

OFERECER RECOMPENSAS

Você quer persuadir um grupo de pessoas a trabalhar com você e lhe dar coisas que você não tem. Mas por que exatamente elas fariam isso?

Para começar, essas pessoas devem partilhar do seu senso de importância sobre a meta que vocês estão buscando juntos. Seja sua meta um novo parque na vizinhança, seja uma liga metálica mais forte e leve, você não será capaz de atrair ninguém que não concorde que o objetivo vale a pena e que as chances de alcançá-lo são maiores fazendo parte da sua aliança de MasterMind.

Você precisará também oferecer às pessoas outras motivações. Faz parte da natureza humana buscar desenvolvimento pessoal, e você não atrairá membros se não lhes oferecer algo mais do que sua meta mútua como recompensa. Eles têm que ter um motivo. Exatamente o que você vai oferecer aos seus membros no sentido do motivo terá que ser considerado com cuidado entre vocês, mas eu gostaria de trazer à luz aqui o que Napoleon Hill chamava de dez motivos básicos:

1. Autopreservação.
2. Amor.
3. Medo.
4. Sexo.
5. Desejo de vida após a morte.
6. Liberdade, mental e física.
7. Raiva.

8. Ódio.
9. Desejo de reconhecimento e autoexpressão.
10. Riqueza.

Qual desses motivos você emprega para atrair e recompensar pessoas na sua aliança dependerá das suas metas e dos membros de que você precisa. Cada item pode ser um motivador muito eficiente, mas sem dúvida você notou uns elementos mais sombrios na lista anterior. Na verdade, qualquer um desses motivos pode ter um lado sombrio – as pessoas fazem coisas terríveis em prol de cada um deles. Motivos como medo, raiva e ódio podem inspirar as pessoas a trabalhar duro, mas também têm forte potencial para infectar a harmonia da sua aliança de MasterMind com qualidades desagradáveis. Embora talvez não escolha oferecer esses motivos sombrios às pessoas, você pode acabar descobrindo que elas estão agindo sob influência deles, de todo modo. Será preciso considerar cautelosamente o que fazer se isso acontecer.

Medo e raiva não são necessariamente motivadores ruins. Eles podem ser respostas perfeitamente justificáveis para uma situação. Se está tentando reduzir o crime na sua comunidade, provavelmente encontrará muito medo e raiva nas pessoas com quem precisa trabalhar. Mas o líder cuidadoso de uma aliança de MasterMind geralmente obterá melhores resultados – e terá uma experiência mais agradável – se puder redirecionar os membros para motivos mais positivos. Se eu estivesse liderando um grupo de MasterMind na vizinhança na tentativa de reduzir a criminalidade, tentaria apelar para o desejo das pessoas de autopreservação e liberdade, com o amor pela família. Isso tornaria mais fácil focar a atenção deles em soluções em vez de vingança, e ajudaria a dar-lhes um senso maior de unidade.

Quanto a pessoas motivadas pelo ódio, fico longe delas. O ódio produziu muitas realizações ao longo da história da humanidade, algumas das quais se tornaram parte da nossa cultura e dia a dia. Muito da tecnologia moderna tem raízes em coisas desenvolvidas para a guerra, por exemplo. Não há como negar o poder do ódio como motivador. Mas o ódio requer uma rejeição tão completa das outras pessoas que cega para ideias e envenena as intera-ções até com entes queridos. Se uma pessoa num grupo de MasterMind é movida pelo ódio, esse ódio vai apo-drecer dentro da aliança e colocar to-dos os participantes em risco.

> *Nunca negligencie a importância do desejo de reconhecimento e autoexpressão.*

Nunca negligencie a importância do desejo de reconhecimento e autoexpressão. Qualquer que seja a meta pretendida, você perceberá que a maioria das pessoas tem fome dessas coisas. Você pode até ser o líder da sua aliança, mas isso jamais deveria significar tomar toda a glória para si mesmo. Partilhe o holofote com quem está dentro e fora do seu grupo. O reconhecimento é quase sempre um modo de persuadir alguém que está relutante a ser membro da sua aliança para participar, especialmente quem tem dinheiro para contribuir.

Quanto à riqueza, é um motivo que as pessoas empregam o tempo todo, principalmente em MasterMinds relacionados a negócios. A riqueza é tanto um motivo poderoso quanto complicado. Se alguém achar que não está recebendo uma quantia justa de dinheiro, vai ficar muito descontente, e a discórdia brotará como vingança na sua aliança. O mesmo potencial existe se alguma recompensa parecer ter sido di-vidida de modo desproporcional. Por esse motivo, é muito importante concordar desde o início sobre como as recompensas serão distribuí-das. Converse livre e francamente com as pessoas sobre esse assunto. Esteja disposto a barganhar um pouco, se necessário, e mantenha tudo aberto e às claras para que cada membro saiba o que esperar.

Revelando o maior segredo de Napoleon Hill

Você pode vir a descobrir que algumas pessoas não ligam nem um pouco para alguns benefícios e são focadas em outros. Como líder da aliança, você pode ser cobrado a fazer mais do que a sua parte de abrir mão das coisas e fazer concessões. Não resista muito a isso. Não vai ser bom acabar numa situação em que você faça todo o trabalho e não receba nada dos benefícios, mas tenha em mente que, como instigador dessa aliança, você provavelmente é a pessoa que tem mais em jogo e mais a ganhar com a realização bem-sucedida das suas metas. Talvez receba pouco ou nenhum benefício de curto prazo em troca de uma grande recompensa de longo prazo.

Lembre-se também de que, se as pessoas o virem agindo para acomodá-las, ficarão dispostas a trabalhar ainda mais por você. Algumas podem enxergar o seu ato de acomodá-las como um sinal de fraqueza e tentar explorá-lo, então é melhor não ter uma pessoa dessas na sua aliança. Elas tratarão os outros membros do mesmo jeito, e logo você terá discórdia para resolver.

Fazer funcionar uma aliança de MasterMind demanda um pouco de ação. Você também terá que trabalhar bastante para mantê-la funcionando, então vamos voltar a nossa atenção para as engrenagens de uma aliança duradoura e como você pode manter tudo funcionando numa boa.

MANTENDO TUDO FLUINDO

Os membros da sua aliança não estão fisicamente conectados, como acontece a uma rede de computadores. A ligação entre eles ocorre porque suas mentes estão trabalhando em harmonia. Qualquer coisa que perturbe essa harmonia tem o mesmo efeito de desplugar um computador da rede. O computador não tem mais a habilidade de se valer dos recursos de outras máquinas da rede, e nada que ele tem está disponível para ninguém mais da rede. O poder da rede é diminuído, e todas as outras máquinas ficam menos úteis.

O primeiro passo para manter sua aliança funcionando em estado de harmonia é fazer com que os membros se encontrem regularmente, pelo menos uma vez por semana. Nessas reuniões, as pessoas devem falar livremente sobre o que têm feito, os problemas que vêm enfrentando e o sucesso que tiveram. Esse tipo de discussão é importante porque dá às pessoas a chance de oferecer apoio e encorajamento diretamente umas às outras. Cada membro é também mantido informado do progresso do MasterMind rumo às metas e fica ciente de qualquer necessidade especial que este tenha.

Os membros devem sentir-se à vontade para falar de problemas e obstáculos nessas reuniões, e não devem ter a sensação de que estão deixando as pessoas para baixo ao admitir que existe um bloqueio no caminho. Ainda que ninguém consiga oferecer uma solução imediata, é importante que as pessoas entendam que outros membros talvez estejam com dificuldade em algo, por ora. As pessoas ganham uma sensação de conexão e perdem a sensação de isolamento quando os problemas são partilhados. Seria muito pior a pessoa esconder uma dificuldade por semanas enquanto todos supõem que as coisas estão indo bem. Uma surpresa ruim, no último minuto, vai erodir a ligação que existe entre os membros da aliança e fazê-los suspeitar de que não podem confiar uns nos outros.

As reuniões devem ocorrer com frequência e em lugares regulares. Se um membro da sua aliança não pode comparecer fisicamente, faça tudo que puder para trazê-lo para a reunião de outro jeito. Considere participação por telefone, mensagem ou plataforma de reunião virtual, como o Zoom. Se isso não der certo, talvez um relatório gravado resolva. Uma gravação de voz é melhor do que um relatório escrito, porque o som da voz ajuda a fazer a pessoa parecer mais presente ali.

A comunicação entre os membros deve ocorrer fora dessas reuniões também. Encoraje as pessoas a ligar, mandar mensagens e *e-mail* para

Fique alerta a possíveis fontes de discórdia dentro da sua aliança.

os outros, ou passar pela sala das pessoas o mais frequentemente possível. Não é preciso ter negócios para discutir: só precisam manter viva a ligação entre eles. Uma palavra agradável de outra pessoa do grupo do MasterMind pode ser o que vai bastar para ajudar um membro a terminar um trabalho ou superar um obstáculo.

Se você for o líder da aliança, é preciso checar cada membro frequentemente, às vezes todos os dias. Às vezes, o trabalho em andamento garantirá discussões substanciosas. Às vezes, você vai apenas oferecer uma palavra amigável. Faça o seu melhor, entretanto, para evitar dar às pessoas a impressão de que você as está checando. Ninguém gosta de se sentir vigiado. Não é preciso pedir um relatório de *status*; apenas lembre às pessoas que vocês todos fazem parte do mesmo grupo.

Fique alerta a possíveis fontes de discórdia dentro da sua aliança. Aja rapidamente para dar cabo delas. Se duas pessoas têm ideias conflitantes acerca de como proceder, certifique-se de que elas resolvam conversando em vez de deixar que cada uma siga numa direção. Sinta-se totalmente à vontade para lembrá-las do que está em jogo e o que pode ser realizado se elas resolverem os problemas delas. Designe outros membros da aliança para ajudar a preservar a harmonia.

Às vezes você terá que desligar alguém da sua aliança de MasterMind. As pessoas mudam, e um membro produtivo do grupo pode deixar de ser útil ao grupo por todo tipo de razão. Não apresente essa separação como um banimento, no entanto. Fale sobre por que você tomou essa decisão e deixe claro que você estaria disposto a aceitar a pessoa de volta se fosse possível, para ela, participar totalmente de novo. Aqueles que ficarem aturdidos se sentirão gratos por saber que você não fechou uma porta e que eles podem muito bem tornar-se parte valorosa do grupo de MasterMind de novo, mais tarde.

MICROMASTERMINDS

O trabalho envolvido em tocar um grupo de MasterMind é significativo. A maioria das pessoas descobre que é difícil demais participar de diversas alianças grandes de uma vez. Mas o sistema do MasterMind é muito adaptável, e uma das formas mais empolgantes que ele pode assumir é uma aliança de duas pessoas na qual não existe, de fato, um líder, mas simplesmente duas pessoas trabalhando juntas muito intensamente. Seguem exemplos de aliança de MasterMind entre duas pessoas para lhe dar ideias sobre como você pode aplicar o conceito para as suas situações.

No trabalho. Uma aliança de MasterMind entre você e um colega de trabalho tem muita coisa positiva envolvida. Vocês estão perto fisicamente um do outro, partilham a mesma cultura de empresa e suas metas e prioridades geralmente combinam desde o início. Talvez vocês nem precisem agendar uma reunião semanal, porque estão em contato constante. Uma questão importante é se você forma uma aliança com alguém que está abaixo de você na escada corporativa, alguém de posição paralela ou alguém que está acima. Objetivos diferentes podem precisar de alianças diferentes.

Cada possível aliança tem forças diferentes. Se você trouxer para perto alguém cuja carreira não progrediu tanto quanto a sua, vai inspirar muita boa vontade e forte lealdade. Forme uma aliança com uma pessoa que tenha posição igual à sua e terá um parceiro que não precisará educar e que você poderá supor que vai precisar de pouca direção. Uma pessoa que está mais acima na escada da empresa pode lhe oferecer mais experiência e, provavelmente, um poderoso empurrão. E é bem possível ter diversas alianças dessas no trabalho.

Em casa. Se você é casado ou mora com a pessoa amada, as metas desse MasterMind podem ser multifacetadas. Vocês podem ajudar a avançar a carreira um do outro e concentrar-se em manter o relacionamento forte, como um apoio para o par. Ainda que sua parceria não seja muito de fazer acontecer como você, vocês criarão muitas coisas boas um para o outro. Um MasterMind que conecta um casal ajuda a dissolver barreiras que surgem devido a empregos diferentes; seus triunfos são também da outra pessoa, e vice-versa.

> *Um MasterMind que conecta um casal ajuda a dissolver barreiras.*

Buscar seu propósito maior definido demanda energia e dedicação tremendas, e a pessoa com quem você vive sentirá isso quase tanto quanto você. Uma aliança de MasterMind envolve vocês dois nas decisões e recompensas da sua dedicação. Ela também os mantém totalmente cientes do que está havendo no relacionamento, e fica muito mais fácil lidar com problemas assim que eles surgem, em vez de se sentir perdido e confuso depois que um comentário casual se transforma numa discussão calorosa, em bater de portas, e alguém acaba indo dormir no sofá.

Poucos de nós gostam de ter sucesso sozinhos. Se você tem uma aliança de MasterMind robusta com sua pessoa amada, toda pequena vitória será mais doce, e as maiores serão ainda mais empolgantes quando você chegar em casa para alguém que partilha dessa conquista.

No estudo. Correr atrás de qualquer coisa que você mais queira na vida pode muito bem requerer que você ganhe conhecimento, e em geral isso requer estudo de algum tipo. Pode ser estudo formal numa universidade ou aulas ocasionais sobre um assunto específico. Olhe para os seus instrutores como pessoas que podem lhe oferecer mais do que lições e uma nota boa.

Os melhores professores trabalham muito melhor quando encontram mentes que estão ávidas e prontas para florescer. Mostre esses traços e você saberá quando encontrar esse tipo de professor. Peça ajuda conforme precisar e peça sugestões para aprender mais por conta própria. Um instrutor que se interessa pela sua educação pode ajudar a guiá-lo para áreas em que as suas habilidades vão florescer. Aprender se tornará algo empolgante em vez de uma obrigação, e poderá durar por muito mais tempo que a aula e o semestre.

Na sua comunidade. Todo mundo ganha com algum tipo de envolvimento na comunidade, seja na escola, na igreja, num grupo de teatro local, seja com um grupo de negócios ou profissional. Esses tipos de interesses o mantêm conectado ao mundo maior, expõem-no a coisas novas e o mantêm com a mente afiada.

Encontre alguém que não tem nada a ver com o restante da sua vida exceto esse interesse a mais, e forje um grupo de MasterMind. A meta da aliança não tem de ser algo mais complicado do que aumentar o prazer de fazer essa coisa que vocês fazem juntos. Qualquer quantia de tempo que vocês tiverem para se devotar a essa atividade mútua será mais empolgante e recompensador para vocês dois.

> *Os resultados mais fascinantes, empolgantes e recompensadores de uma aliança são os efeitos que ela causa em você.*

Existem benefícios tangíveis em qualquer aliança de MasterMind, e esses benefícios vêm em muitas formas, de dinheiro a acesso a bens e serviços. Mas pode haver um aspecto mais importante de um Master-Mind. Os resultados mais fascinantes, empolgantes e recompensadores de uma aliança são os efeitos que ela causa em você. Não há jeito de se abrir para a comunicação mental de uma aliança sem se tornar uma pessoa mais rica em termos de energia, conhecimento e um senso do que você é capaz de realizar.

Tudo bem se a sua primeira aliança de MasterMind é algo pequeno, com uma meta concreta que possa ser alcançada dentro de um ou dois meses. Na verdade, esse pode ser o melhor jeito de começar, porque a empolgação que você terá por alcançar sua meta será um estímulo incrível para todos os seus esforços subsequentes para alcançar seus objetivos. Essa primeira pequena aliança o levará para alianças maiores, mais desafiadoras, e alimentará suas esperanças e sua fome de fazer algo maior na vida.

O que você quer alcançar cabe inteiramente a você. Por ora, você provavelmente tem um monte de ideias sobre o que é isso e como pode fazer acontecer. Com essa empolgação em mente, é hora de darmos uma olhada na cristalização das suas esperanças em algo concreto que você pode começar a buscar.

CAPÍTULO 3

ENTENDENDO O QUE VOCÊ QUER

"Você pode ter tudo que deseja, ou o seu equivalente, se quiser o suficiente, se estiver disposto a pagar um preço justo por isso."

– Napoleon Hill

O que é importante para você?

A primeira parte deste capítulo deverá ajudá-lo a encontrar maneiras de expressar o que você quer na vida, ajudando-o a examinar todas as coisas que você deseja. Algumas maneiras podem parecer contraditórias, mas não se preocupe com isso. Talvez você descobrirá que tem uma lista enorme do que constitui felicidade, porém, quando olhar para essa lista, poderá refiná-la para que possa emergir uma ideia clara. Quando isso acontecer, você será capaz de começar a forjar o plano para obter o que quer.

PERAÍ! EU SEI O QUE EU QUERO!

Se você acha que já tem uma ideia clara do que quer, está em ótima posição para começar a alcançar isso. Mas não pule a próxima seção. Embora esta seção seja mais útil para pessoas que estão com dificulda-de de definir o que significa sucesso pessoal para elas, será importante para você também para ajudá-lo a se preparar para desenvolver um plano para o sucesso. Você precisará cristalizar as suas ideias no intuito de criar um plano, e os passos aqui descritos mostrarão como fazer isso.

Talvez você também descubra que sua ideia de sucesso é menos clara do que você pensava antes. Às vezes, focamos aspectos do sucesso sem perceber que os alvos que estipulamos são apenas pedaços de um todo. Por exemplo, achamos que queremos dinheiro, quando, na verdade, o dinheiro é simplesmente um meio para ter independência e respeito.

Sua definição pessoal atual do que você quer talvez inclua também coisas que você não escolheu para si mesmo realmente, ou o caminho que você começou a trilhar pode ter sido ditado por certas suposições sobre si que valem a pena reexaminar. Pode ser que algo maior esteja no seu futuro – ou talvez até algo mais simples.

Faça o exercício seguinte de mente aberta. O investimento de tempo e esforço é pequeno se comparado à satisfação que você terá quando começar a trabalhar de verdade pelo que realmente quer.

FANTASIA LIVRE

Este livro o encoraja com frequência a focar o pensamento, para se livrar de distrações e concentrar a mente. Mas há momentos em que é útil lançar uma rede muito ampla sobre os seus pensamentos e ver o que encontra lá. Principalmente quando você está começando a avaliar suas ideias e entender como pensa e por quê, é preciso ser livre para experimentar e testar. Você não tem que se preocupar em agarrar a ideia certa imediatamente. O *insight* pessoal requer estar aberto e não censurar pensamentos.

Pare um tempo, quanto for preciso, para pensar em todas as coisas que você quer na vida.

> *O insight pessoal requer estar aberto e não censurar pensamentos.*

O que o faria feliz e orgulhoso de si mesmo? Pense em dinheiro, tempo, família, amigos, saúde, comunidade, religião, educação ou qualquer outra coisa que lhe ocorra.

Conforme começar a emergir uma imagem na sua mente, jogue umas notas no seu caderno. Tente ser específico. Não pule coisas que pareçam triviais agora, e fique totalmente à vontade para ser tão expressivo nas anotações quanto nos pensamentos de fato. Se quer ser dono de uma ilha, escreva. Se quer o divórcio, escreva. O propósito de fantasiar desse jeito é ficar ciente de todos os elementos que contribuem para sua ideia de sucesso.

Continue escrevendo pelo tempo que achar necessário. Você saberá quando tiver terminado, porque terá a sensação de que está procurando ideias, puxando algo que é tão inferior que você jamais iria querer investir o tempo necessário para fazer isso acontecer.

Agora reveja as anotações. Pergunte-se se não há alguma categoria nisso que você escreveu. Você pode encontrar coisas que tenham a ver com dinheiro, outras com tempo, algumas com relacionamento – você entendeu. Numa folha de papel limpa, abra itens para cada uma dessas categorias e comece a organizar suas ideias acerca do sucesso. Pode incluir uma categoria de miscelânea, se quiser. Deixe bastante espaço entre as categorias. Se houver algo importante que não se encaixa em nenhum outro lugar, dê-lhe uma categoria própria.

Conforme começar a organizar as ideias desse jeito, você vai reparar que muitos dos itens específicos são muito similares. Trace linhas entre esses itens na sua lista ou marque-os com símbolos: um asterisco, um visto, um ponto ou qualquer outro que o ajude a enxergar conexões.

Quando tiver organizado tudo, olhe para cada uma das categorias. Passe um tempo pensando se existe um jeito mais amplo de descrever as ideias representadas em cada uma. Talvez você escreva coisas como "mais tempo para a família", "ficar livre da preocupação com dinheiro" ou "respeito profissional". Não se preocupe em incluir todos os itens numa dessas afirmações gerais. Não é preciso ser exaustivo aqui; você só está tentando obter uma sensação das coisas, por ora.

Esse é um procedimento minucioso, e pode parecer algo muito mecânico. Deixe de lado qualquer sentimento desse tipo por ora, e olhe para os tópicos que você escreveu. Entre eles haverá algo que se destaca, algo que lhe dá um senso de realização que pareça maior do que umas poucas palavras que você escreveu, algo que é positivo e mais importante do que todos os outros. Circule-o.

Agora pare um pouco para se perguntar se obter essa coisa também lhe traria aquilo de que você precisaria para resolver qualquer uma das outras coisas que você escreveu. Sem que os meus exemplos influenciem suas respostas, pondere sobre coisas como se uma mudança de carreira pode lhe dar segurança financeira ou tempo para prestar mais atenção à saúde. Talvez você descubra que algo na sua vida está agindo como obstáculo para você apreciar aquelas outras coisas. Pode ser um problema com autoestima ou dependência de álcool ou drogas.

Você não precisa decidir neste momento que aquilo que circulou é o seu propósito maior. E o seu propósito maior não é algo que tem de determinar quem você é e o que faz para o resto da sua vida. Para muitas pessoas, alcançar uma meta maior apenas as acorda para outras coisas que elas podem fazer e se tornar. Não pense que essa coisa que você circulou coloca um limite em você.

Pare um pouco para pensar na ideia que você circulou. Ela é empolgante? Ela lhe sugere uma sensação de completude? Você realmente quer isso?

Não se preocupe, por ora, com quão possível lhe parece. Se isso implicar grandes mudanças na sua vida, você pode fazê-las. Se requerer dinheiro, e você não o tiver agora, você arranja. Você pode alcançar qualquer coisa em que acreditar. Apenas pergunte a si mesmo se quer acreditar nisso.

As opiniões de colegas e familiares podem ser muito importantes, mas podem também confiná-lo e distraí-lo.

Algumas pessoas reparam que a primeira coisa que circulam não desperta, realmente, uma sensação de realização ou empolgação para elas. Há diversas explicações para isso. Às vezes, você pode estar tão pressionado por ideias que as outras pessoas fazem de quem você é e o que consegue fazer que você acaba circulando alguma coisa com base nas ideias das outras pessoas. As opiniões de colegas e familiares podem ser muito importantes, mas podem também confiná-lo e distraí-lo.

Se você suspeita de que de algum modo se deixou ser limitado ou distraído desse jeito, repita o exercício. Dessa vez, não segure nada. Certifique-se de se libertar totalmente no que tange às suas esperanças. Mesmo que acabe com algo surpreendente, passe o dia seguinte se permitindo imaginar como seria alcançar isso.

Para algumas pessoas, a ideia que elas circularam continua sendo uma sombra do que realmente querem. A definição de sucesso que elas circularam focava um aspecto de algo muito maior. Por exemplo, a ideia de ter o seu próprio negócio pode ser parte de um desejo de independência; terminar um livro ou uma peça pode apenas ser um meio para alcançar a meta maior de expressar um impulso criativo. Se você acha que isso se aplica a você, repita o exercício, mas foque-o na ideia que chegou mais perto do alvo para você. Talvez você estivesse mais perto do que imaginava de saber o que quer da vida.

O ATO DE EQUILÍBRIO

Muitas pessoas ficam surpresas quando entendem o que mais querem da vida. Às vezes, elas resistem à ideia intelectualmente porque está em conflito com outras ideias que elas têm sobre quem são e o que de fato fazem da vida.

Um exemplo clássico é o conflito, para homens e mulheres, entre família e carreira. Ter o próprio negócio quase nunca lhe dá tempo suficiente para ter filhos e romance. Devotar a energia que você gostaria para os seus entes queridos parece tornar impossível subir na escada corporativa.

Mas existem outras tensões também. O trabalho que você quer fazer parece totalmente contrário à sua situação corrente na vida. Se você está trabalhando numa loja de departamento, pode lhe parecer impossível que possa entrar na faculdade de direito. Se levou anos para ter sucesso no emprego, pode lhe parecer que está jogando tudo isso fora para fundar sua *startup*, para abrir uma pousada ou devotar-se a criar cachorros campeões.

> *É importante lembrar que aquilo que você mais quer na vida não é a única coisa que você quer na vida.*

É importante lembrar que aquilo que você mais quer na vida não é a única coisa que você quer na vida. Admita isso para si mesmo, e será mais fácil reconhecer qual é a sua maior prioridade. Você não precisa deixar tudo de lado para alcançar isso.

CARREIRA

Ter uma carreira é o jeito mais respeitado de se carimbar como uma pessoa bem-sucedida. Em geral, isso envolve alcançar um posto importante e lucrativo, bem como apreciar reconhecimento profissional e a estima de outras pessoas do ramo.

Mas uma armadilha comum para os jovens é supor que para cima é o único caminho a seguir. Se você é gerente local neste ano, deve almejar ser gerente regional. Acabou de se tornar vice-presidente associado? Então deveria mirar na vaga de vice-presidente, e acrescentar o título de "executivo" logo em seguida. Esse é um caminho, e, para muitas pessoas, é o caminho correto.

Mas vale a pena ponderar se não é o caminho errado para você.

Há um conceito famoso, chamado de Princípio de Peter, que diz que as pessoas são promovidas dentro de uma empresa até que chegam a um nível acima do que são realmente capazes de fazer. Embora tenham conduzido bem os empregos anteriores, acabam ganhando um cargo que não conseguem preencher com a mesma eficiência, e é então que termina sua promoção. É um pouco deprimente pensar nas implicações disso.

> *Não limite as suas ambições; reflita com carinho sobre se você não está buscando avançar apenas por avançar.*

Uma sala maior nem sempre é melhor. Pense nas coisas que você aprecia no seu trabalho, e se pergunte se esses mesmos fatores permaneceriam promoção após promoção. Cargos executivos costumam envolver um conjunto bem diferente de responsabilidades, e você pode ou não querer todas elas.

Não limite as suas ambições; reflita com carinho se você não está buscando avançar apenas por avançar, ou pelo *status* e o dinheiro que isso lhe concede, em vez de como isso afetará o que você faz no seu emprego. Talvez não seja a primeira pessoa a descobrir que administrar e fazer reuniões o afasta de arregaçar as mangas para fazer as coisas que primeiro lhe interessavam na carreira.

Agora vamos pensar no relacionamento amoroso da sua vida, caso você tenha um agora. Todo relacionamento é fundado em algumas suposições acerca dos papéis que os envolvidos vão exercer. Esses papéis podem ser tradicionais ou nem um pouco convencionais, mas vocês dois fizeram várias escolhas com base nessas suposições.

Talvez você precise alterar fundamentalmente algumas dessas suposições para buscar o seu propósito maior. Nesse caso, será preciso conversar sobre isso, entrar em negociações honestas e ficar muito alerta para as implicações dessas mudanças. E mesmo assim será preciso preparar-se para umas surpresas. Um de vocês, ou os dois, pode achar que os novos arranjos são insatisfatórios ou injustos. Ou pode achar que são energizantes e empolgantes. Buscar sua meta não representa uma ameaça automática para sua vida amorosa ou seu casamento. De fato, se você está mais feliz e satisfeito, isso pode revitalizar o relacionamento, ajudá-lo a passar por turbulências e levá-lo a novos níveis.

Mas vocês precisam falar aberta e honestamente sobre as mudanças que podem prever. É precisar estar aberto a adaptações com o passar do tempo, até às vezes abrir mão de algo que você queira. Você não precisa se tornar o personagem secundário, mas esteja disposto a oferecer a mesma possibilidade de troca que também está pedindo.

Infelizmente, algumas pessoas constatam que seus planos estão em total conflito com a base de seus relacionamentos. Isso leva a escolhas dolorosas, terríveis. Talvez você consiga contornar esses conflitos, mas, se essa rota envolver segredos e negação, ou um impedimento significativo para você alcançar o seu propósito maior, talvez você precise seguir sozinho.

Se está envolvido com alguém cujo entendimento do que você quer e precisa na vida é tão radicalmente diferente do que você entende, outros problemas surgirão muito em breve. Se os seus planos ficarem totalmente sob controle de outra pessoa, você será uma pessoa muito triste. E fará as outras pessoas tristes, a começar por aquela que você ama. Insisto para que você converse sobre isso com o seu parceiro para deixar os seus sentimentos os mais claros possíveis antes de tomar uma atitude. Talvez a profundidade dos seus sentimentos seja persuasiva ou pelo menos abra uma discussão que parece estar fechada. Mas talvez você apenas tenha que partir.

Se você não está num relacionamento agora, as coisas provavelmente serão mais simples. É totalmente possível que romance e filhos simplesmente não sejam grandes fatores no que você quer, e não serão um problema. Mas se forem, e as coisas começarem a ficar sérias com alguém, é óbvio que você precisa ter clareza sobre aonde está indo na vida e o que quer fazer. Alguns casais constatam que suas metas se mesclam incrivelmente bem. Mas mesmo para aqueles que têm ambições diferentes, é bem possível que o relacionamento floresça e funcione para os dois se vocês entenderem onde suas metas se encontram.

É impossível abordar o romance de maneira mecânica, visto que sua imprevisibilidade é uma das recompensas mais empolgantes e agradáveis. Mas a ponderação e a clareza do que você quer num relacionamento o ajudarão a ter certeza de que conseguirá o que precisa e, ao mesmo tempo, oferecerá aos seus entes queridos a mesma coisa.

Agora vamos pensar em dinheiro. Dizem que todo mundo tem um preço. Você sabe qual é o seu?

Geralmente, fazem esse comentário com cinismo, mas isso é essencial para entender como você pensa sobre dinheiro e por que o considera importante (ou insignificante).

O dinheiro é algo muito fluido. Poder ser convertido em objetos ou serviços é grande parte do motivo pelo qual o valorizamos. Mas ele tem um fascínio próprio. Poder dizer que você tem um milhão de dólares no banco (ou no mercado de ações) tem toda uma aura de segurança e *status*.

> *Na maior parte do tempo, o dinheiro é substituto de outra coisa: liberdade, poder, prestígio.*

É por isso que você quer ter dinheiro?

Na maior parte do tempo, o dinheiro é substituto de outra coisa: liberdade, poder, prestígio. Pode não haver nada de errado com nenhuma dessas coisas, mas, se você confundir o dinheiro com a coisa que ele representa, pode acabar fazendo sacrifícios que o afastem daquilo que você realmente considera como parte do seu sucesso.

O exemplo mais óbvio é alguém que trabalha e trabalha e trabalha visando nada mais do que patrimônio líquido. Família, recreação, criatividade e independência ficam atrás de juntar dinheiro. As pessoas acabam ficando num emprego que paga bem, mas que elas odeiam, porque não conseguem se imaginar abrindo mão desse dinheiro.

Se o dinheiro representa parte significante das suas ambições, passe bastante tempo esclarecendo para que ele serve e quando e como você vai tirar vantagem desse dinheiro. Se quer se aposentar em certa idade e viajar, certifique-se de que a aposentadoria e as viagens sejam as metas que você foca, não o dinheiro. Se quer uma casa em tal lugar, um carro daqueles e um estilo de vida no qual você sonha há anos, mantenha essas metas em vista.

O dinheiro em si, como meta, é provavelmente a coisa mais fácil de alcançar. Se ele for tudo o que lhe importa, você pode fazer todo tipo de mudança na vida para consegui-lo. Pode cortar seus gastos até o máximo, parar de socializar, arranjar um segundo emprego, não se preocupar com roupas ou recreação e viver sem pequenos luxos.

Não é muito atraente, certo?

Então, pense nas ideias que você tem acerca do dinheiro e tente conectá-las com outras ambições. Entenda para que você quer ter dinheiro antes de se comprometer com alguma coisa. E, como com qualquer outra coisa que você quer, esteja sempre disposto a examinar do que está abrindo mão para ter esse dinheiro e o que você está ganhando em troca.

JUNTAR AS PEÇAS

Supondo que você passou um tempo tentando entender suas ideias acerca do sucesso, agora pode começar a moldá-las em algo definível. Esse é outro processo cheio de concessões mútuas; não há nada de definitivo enquanto você trabalha nisso. A única pessoa pela qual você tem responsabilidade agora é você.

> *Entenda para que você quer ter dinheiro antes de se comprometer com alguma coisa.*

Idealmente, você deveria desenvolver uma pequena afirmação que diz o que você quer da vida. Uma só frase, que será melhor se for a mais clara e específica que você puder criar. Essa afirmação deve também vir do fundo do coração e conter a descrição mais completa e positiva do seu propósito maior. Você precisa se sentir motivado quando ler. Essa é a afirmação do seu propósito – a afirmação da sua missão.

Escrever algo assim pode ser fácil para você, ou talvez você ache difícil. Se tiver dificuldade, não desista nem se contente com algo que parece apenas próximo. Quanto mais preciso e certeiro você for ao escrever, mais provável será de conseguir o que quer. Você pode sempre fazer mudanças nessa frase, mas, se suas metas forem grandes, escreva-as assim.

A afirmação do seu propósito será algo a que você vai se referir com frequência enquanto trabalha. Se guardar alguma coisa – uma meta que você não ousou incluir agora, por exemplo –, você não estará de fato mirando o seu desejo.

Escrever essa afirmação pode ser muito intimidador e sobrepujante. Em parte, você escreverá uma definição de quão longe está daquilo que mais o fará feliz. E, para algumas pessoas, parece absurda a ideia de que apenas uma frase pode descrever todas as coisas que ela quer da vida. Mas você não está se limitando, de modo algum, pelo que escreve, e não está admitindo que é uma pessoa má ao dizer que quer se tornar uma pessoa melhor. Você está escrevendo a afirmação do seu propósito apenas para o seu uso, seu benefício.

> *Quanto mais preciso e certeiro você for ao escrever, mais provável será de conseguir o que quer.*

Eis alguns exemplos de como você pode escrever essa afirmação do propósito. Eles são totalmente hipotéticos, e estão aqui apenas para inspirá-lo e mostrar-lhe que não tem problema ser muito concreto, contanto que escreva o que realmente importa para você:

* Eu serei médico até os meus cinquenta anos de idade.
* Eu serei o próximo CEO.
* Eu terei 2 milhões em economias quando me aposentar.
* Eu darei à minha família uma casa feliz e maravilhosa, na qual eles saberão que são amados e cuidados.
* Eu publicarei a minha poesia.
* Eu serei eleito para o Conselho Municipal na próxima eleição.
* Eu serei o advogado mais respeitado da cidade.
* Eu serei ator profissional.
* Eu publicarei a minha *newsletter* sobre investimentos e lucrarei 200 mil por ano com ela.

Esses são apenas exemplos, claro, e, se a sua frase não tem nada a ver com eles, meus parabéns! Você não precisa caber nas ideias de sucesso de ninguém. Só precisa satisfazer a si mesmo.

> *Você não precisa caber nas ideias de sucesso de ninguém.*

Se quiser, você pode acrescentar uma ou duas frases para especificar condições em outras áreas que precisam ser alcançadas para que você se sinta realmente bem-sucedido. Isso é útil se você sente que terá de trabalhar duro para reconciliar o seu propósito com outras responsabilidades. É também uma boa maneira de se lembrar que o seu propósito é parte de uma visão de toda sua vida. Ter 10 milhões não vai satisfazê-lo caso você seja, também, a pessoa mais odiada da cidade.

Faça uma pequena cópia da sua afirmação de propósito que você possa levar sempre consigo. Sempre mesmo. Tem que caber na sua carteira ou no bolso. Será preciso tirar dali e dar uma olhada de tempo em tempo. Às vezes, você só precisará ser mais firme ao fazer uma escolha. Às vezes, precisará de um empurrão quando enfrentar decepção ou lidar com algo difícil.

Você deveria também fazer um ritual de ler sua afirmação de propósito três vezes ao dia. Leia uma vez assim que sair da cama, uma segunda vez no meio do dia e, novamente, antes de ir dormir. Sugiro ler três vezes seguidas, também, para enfatizar. Sempre que puder, leia em voz alta. Ouvir-se falar as palavras apenas aumenta o reforço que você está dando a si mesmo. Ler sua afirmação de propósito é precisamente o ato de reforçar sua determinação de ter sucesso. Ela o lembra do que você quer, por que está fazendo o que faz ao longo do dia e que tipo de satisfação terá quando atingir seu objetivo.

VOCÊ PROVAVELMENTE
JÁ SABE DISSO, MAS...

Esses passos baseados nas ideias de Napoleon Hill não funcionarão se o seu propósito maior envolver magoar outras pessoas. Vingança e engano são motivações que esse sistema de sucesso não pode incorporar. Experiências negativas motivam as pessoas o tempo todo. Algumas das pessoas mais ricas do planeta vieram de pobreza abjeta. Líderes dos direitos humanos e médicos pesquisadores são motivados pelo desejo de superar as falhas do mundo. Uma campanha para o diretório da escola pode começar pela insatisfação com o sistema educacional local. Todas essas são respostas para situações negativas, mas são expressas em ações positivas.

Seu propósito maior pode ter sido formado, em parte, por coisas ruins que lhe aconteceram. Talvez você queira deixar essas coisas para trás, ou ajudar outras pessoas a evitar experiências similares. Isso é bom e nobre. Mas se expressar o que quer para se vingar de quem o magoou, estará construindo os seus planos sobre uma fundação profundamente vazia e instável. Sua resposta para qualquer coisa que lhe aconteça deve ser algo que enriqueça sua vida à custa de ninguém, por mais terrivelmente que lhe tenham tratado.

Vingança e engano são motivações que esse sistema de sucesso não pode incorporar.

A esta altura, você tem uma ideia do que quer da vida. Ao descrever isso, você o torna concreto, alcançável e real. Você está conectado, finalmente, a algo muito valioso para você.

E provavelmente está ávido por começar a fazer algo a respeito.

Vamos garantir que tudo que você fizer dê resultado.

CAPÍTULO 4

CRIANDO O SEU PLANO

"Se você não tem um propósito maior, está vagando para o fracasso garantido."

– Napoleon Hill

Se você tem familiaridade com a escrita de Napoleon Hill, saberá que este capítulo é sobre algo que não se trata, em geral, sozinho. Mas criar um mapa do seu caminho para o sucesso é um passo que confunde muitas pessoas. Elas têm uma ideia clara do que querem, sabem como começar a pensar positivamente, mas não conseguem visualizar todos os marcos pelos quais terão de passar para alcançar seu objetivo.

Talvez você não se importe se o mundo nunca notar o que você realiza, ou talvez planeje deixar sua marca na política, na medicina, na física ou nas artes para as próximas gerações. Mas não importa, porque você não obterá o que quer da vida sem um plano.

Você não obterá o que quer da vida sem um plano.

Claro que o plano pode ser alterado conforme mudarem as suas ambições ou quando novas oportunidades surgirem. Seu plano é a ferramenta para alcançar o seu propósito maior. Você será como um míssil guiado fixo num alvo que existe. Você se tornará uma pessoa que faz progresso diário rumo ao que quer – progresso que se pode medir, com o qual você se satisfaz e celebra.

CRIANDO A ESTRUTURA

Tendo lido até aqui, você já chegou a uma expressão positiva da sua ideia de sucesso. Enquanto desenvolvia essa afirmação, sua mente provavelmente estava sugerindo todo tipo de motivo pelo qual você *não* conseguiria alcançar seu propósito maior. Tudo bem, porque agora você vai usar essas ideias negativas para um propósito positivo. Vai incorporá-las ao seu plano para conseguir o que quer. Nesse plano, quaisquer ideias negativas que você teve são apenas coisas que você vai superar conforme avança rumo à sua meta.

O seu plano não será similar ao de mais ninguém, então não existe uma fórmula fixa de como ele deve ser: pode ser uma lista de quinze passos ou um parágrafo que conta uma história. Entretanto, deve ter três características importantes:

1. Deve ser muito específico, incluindo datas, números, títulos, pessoas, trabalhos ou qualquer outro elemento que você reconheça como importante.
2. Deve detalhar todas as coisas mais importantes que você quer realizar.
3. Deve ser expresso na linguagem mais positiva que você puder enunciar.

DETALHES DE UM BOM PLANO

Eis uma lista de coisas que aparecem num plano sólido. Talvez você não precise incorporar todas elas, mas dar uma olhada na lista pode ajudá-lo a reparar num passo que ficou de fora ou lembrá-lo de ser específico com relação a alguma coisa com que você ainda está lidando apenas vagamente.

1. **Datas.** Você pode escolher dias (1º de maio) ou expressar uma progressão cronológica (seis meses), mas associe uma data realista e otimista para cada evento significativo possível. Criar uma linha do tempo pode expor algumas suposições fracas ou desafiá-lo a perceber quão rapidamente você consegue fazer algumas mudanças.

2. **Atribuição de tempo.** Onde for apropriado, tente incluir horas gastas diariamente numa tarefa específica. Considere de onde vem esse tempo. Você terá que abrir mão de alguma coisa para criar esse tempo de que precisa? Precisará ganhar a cooperação de alguém para colocar o plano em ação?

3. **Tempo de espera.** As inscrições para aulas e licenças têm prazo. O trabalho que alguém fará para você, como uma reforma na sua sala, também tem um tempo. Então é melhor você ser capaz de usar esse tempo de espera de maneira produtiva.

4. **Pessoas.** Dê nome às coisas sempre que puder. Se seu cônjuge ou seus filhos terão que lidar com algumas das tarefas da casa, não tenha receio de escrever tudo isso. Se precisa demonstrar as suas habilidades para um chefe ou um cliente, inclua os nomes também. Existe poder em ser específico.

A seguir, temos dois planos hipotéticos para pessoas diferentes, com metas muito diferentes. Você verá o que tem de melhor nos planos deles e onde eles podem melhorar. Seu plano não precisa ser parecido com nenhum desses dois; a ideia aqui é ajudá-lo a ver como todas as características importantes de um plano são incorporadas.

Plano da Lisa

Lisa tem 34 anos e é gerente de uma empresa de advocacia. Ela começou como secretária assim que terminou o ensino médio, então tem experiência de sobra, mesmo sem ter muito estudo formal. A meta de Lisa é ser dona de uma agência de mão de obra temporária e oferecer funcionários de qualidade para as firmas da cidade. Ela quer que sua agência seja o primeiro lugar para o qual todas as empresas liguem quando precisarem de um funcionário temporário. Depois de pensar com cuidado, eis o que Lisa determinou como plano:

Meta: ser agência de mão de obra temporária líder da cidade até 31 de dezembro de 20XX (daqui um ano e meio).

1. *Terminar o curso de pequenas empresas na faculdade comunitária até dezembro deste ano.*
2. *Investigar e obter todas as licenças de negócios até dezembro deste ano.*
3. *Dar aviso prévio de dois meses para o empregador atual em 1º de novembro.*
4. *Alugar sala comercial em 2 de janeiro.*
5. *Recrutar dez funcionários temporários de qualidade até abrir o negócio, em 15 de janeiro.*

6. *Ligar para dez firmas que conheço, todos os dias úteis, entre 2 de janeiro e 13 de janeiro, para promover a agência. Enfatizar minha reputação da firma de advocacia e a qualidade dos nossos funcionários temporários.*

7. *Recrutar e contratar mais dez funcionários até 15 de março.*

8. *Ligar para cinco novas firmas todos os dias quando a agência estiver aberta.*

9. *Acrescentar mais dez funcionários especializados (escriturário, assistente administrativo, auxiliares) até 1º de junho.*

10. *Começar programas de treinamento gratuitos para os temporários que usam softwares novos até 15 de setembro.*

11. *Ter cinquenta temporários disponíveis para atribuição até 1º de dezembro.*

O plano da Lisa é ambicioso e, em geral, bastante concreto. Embora o plano não tenha abundância de linguagem positiva, foi escrito de forma assertiva e confiante. Entretanto, existem algumas coisas que ela negligenciou.

Primeiro, Lisa vai precisar de dinheiro para alugar a sala, bem como para instalar telefones, comprar ou alugar equipamento de escritório, pagar pelos suprimentos, adquirir um plano de seguro, e por aí vai. Ela também terá que se sustentar com algo enquanto as taxas que ela cobra não começam a somar algo substancioso. O plano dela deveria apontar de onde virá esse dinheiro, bem como quanto de lucro será satisfatório.

É bem provável que Lisa tenha todas essas coisas em mente. Ela faz uma ideia de quanto dinheiro entrará considerando a quantidade de temporários que ela tem, mas, como em toda *startup*, precisa se certificar de que uma falta de dinheiro não estragará seus planos.

Além disso, Lisa quer treinar seus temporários, algo que poderia lhe dar grande vantagem no mercado, mas quem fará isso? Quando e onde será feito? Como ela identificará do que seus temporários precisam? Quanto tempo levará para treiná-los?

E Lisa será a única pessoa no escritório? Ou vai contratar um assistente para poder, por exemplo, almoçar ou tirar um dia de folga para uma emergência? De que adianta ter a melhor agência da cidade se ela fecha caso Lisa tenha que sair da cidade para ir a um funeral?

Nenhuma dessas coisas é problema intransponível para Lisa, é claro, mas, se ela pensar nelas agora e fizer planos para lidar com tudo, elas não virão como surpresas quando ela estiver lá dando duro para fazer o plano acontecer.

Plano do Blake

Blake é representante comercial de um distribuidor de vinho. Ele vende uma variedade de vinhos importados da Espanha. Os vinhos espanhóis não têm uma reputação arrasadora no território dele: a maioria das lojas lhe diz que os clientes não sabem muita coisa sobre eles e em geral se interessam por vinhos que são mais baratos ou que têm reputação e prestígio, como os franceses ou os italianos.

Blake quer dobrar sua renda nos próximos dois anos. Isso significa, no mínimo, dobrar seu volume de vendas. Eis como ele planejou fazer.

Mês que vem, escolherei três lojas de volume alto, que não estejam próximas uma da outra, nas quais não faço muitos negócios. Vou oferecer gratuitamente uma caixa de algum vinho escolhido para apreço geral, e abrirei mão da minha comissão nas vendas desse vinho por um mês para poder reduzir o preço para a loja.

Vou me oferecer para passar quatro horas em cada loja nas tardes e noites de sexta-feira, oferecendo amostras grátis do vinho com degustação de comida espanhola. Farei isso para elevar a opinião dos clientes acerca dos vinhos espanhóis para que, nas visitas subsequentes, eles se interessem mais em comprá-los.

No mês seguinte, vou me oferecer para fazer a mesma coisa para mais três lojas. Depois de ter feito isso em doze lojas, vou me oferecer para voltar a qualquer uma dessas lojas de novo. Farei degustação em pelo menos duas lojas todo mês pelos próximos dois anos.

Convidarei o editor de gastronomia e o colunista de viagens do jornal local para fazer degustação de vinhos espanhóis, incluindo vinhos que eu não vendo, e lhes apresentarei uma refeição espanhola tradicional. Também lhes fornecerei material promocional da agência de viagens espanhola. Farei isso na esperança de inspirar matérias sobre vinho e comida espanhola, ou simplesmente sobre a Espanha.

Em 24 meses, terei dobrado as minhas vendas.

Blake também tem um bom ponto de partida para o seu plano, mas poderia contar com uns refinamentos. Para começar, ele não estabelece metas de aumento de vendas: seria melhor resolver que tipo de aumento ele quer ver dentro de seis, doze e dezoito meses. Isso lhe daria algo em que mirar para o curto prazo e ofereceria referências para medir seu progresso. Poderia ajudá-lo a perceber que ele precisa incluir mais lojas em sua campanha promocional, ou pode inspirá-lo a aumentar o escopo.

Ele poderia, também, ser mais intenso na linguagem. Em vez de dizer "vou me oferecer para passar quatro horas em cada loja nas tardes e noites de sexta-feira", poderia escrever "convencerei cada loja a me dar quatro horas nas tardes e noites de sexta-feira". Isso afirma as coisas de modo mais positivo e enfatiza exatamente o que Blake terá que realizar para que o plano vá adiante. Se ele se flagrar tendo dificuldade de alcançar as metas, terá um panorama mais claro do que precisa de mais foco e atenção.

Blake deveria, também, considerar atrair mais a empresa para os planos dele. Eles teriam uns recursos que ele poderia usar. Talvez ele não tenha que dar conta de todos os custos de suas ideias. Se estivesse numa competição amigável com um representante cujo território ficasse próximo ao dele, seria possível partilhar histórias de sucesso, pegar mais ideias e fazer mais a fim de gerar entusiasmo em torno dos produtos dele.

Nenhuma dessas pessoas incorporou uma aliança de MasterMind ainda. Lisa poderia atrair um ou dois dos seus temporários, alguém que tenha experiência com um negócio próprio que possa também ser um bom cliente para a agência dela, ou talvez alguém que tenha dinheiro e se interesse em dividir o lucro. Blake poderia voltar-se para outro representante de vendas mais próximo, alguém que trabalhe junto à comissão de comércio espanhol, o supervisor dele, ou até o dono de uma dessas lojas para as quais ele vende. Todos têm algo a ganhar e poderiam estar ávidos por trabalhar com ele mais de perto.

Sua meta e seu plano podem não ter nada a ver com os de Blake e Lisa, porém, como os deles, devem ser minuciosos, específicos e positivos.

Fique à vontade para meditar sobre o seu plano por uma ou duas semanas depois que o escreveu. Isso pode ajudá-lo a encontrar alguns defeitos ou pensar num jeito mais eficiente de fazer as coisas. Mas você só tem duas semanas. Depois dessas duas semanas, e, de preferência, o mais rápido possível, você deve se comprometer, porque é hora de começar o processo de conseguir o que você quer.

ARREGAÇAR AS MANGAS

Exatamente qual será o seu primeiro passo só você sabe. A parte mais difícil talvez seja dar o primeiro passo. É natural sentir certa turbulência nesse ponto. Você está prestes a começar a fazer grandes mudanças na sua vida, e mudar é assustador, além de ser difícil. Significa fazer coisas que você nunca fez, assumir responsabilidades que você nunca teve antes e viver com as consequências. Entretanto, você – agora dono de uma Atitude Mental Positiva (AMP) – precisa enfatizar a outra sensação que vem com a mudança: a empolgação.

A parte mais difícil talvez seja dar o primeiro passo.

Espero que, quando tiver criado a afirmação do seu propósito, você passe a ler a frase pelo menos três vezes por dia. Não existe absolutamente substituto nenhum para esse tipo de reforço. Sua mente, parafraseando Napoleon Hill, é seu recurso mais precioso. Você deve colocá-la para trabalhar para si em toda oportunidade que tiver. Ler sua afirmação de propósito três vezes ao dia é o jeito mais simples e poderoso de empregar sua vantagem número um.

Ler sua afirmação de propósito três vezes ao dia é o jeito mais simples e poderoso de empregar sua vantagem número um.

Você descobrirá que, quanto mais positiva for a escrita da sua afirmação, e quanto mais concretamente você expressou o seu plano, mais empolgação criará. Agora é a hora de começar a usar a empolgação que você andou juntando.

Muitas pessoas trabalham sua afirmação de propósito em particular; elas criam seus planos para o sucesso desse mesmo jeito, ainda que busquem conselho dos outros sobre passos específicos. Se foi assim que você trabalhou, é hora de partilhar o seu propósito e, pelo menos, os contornos mais amplos do seu plano com mais alguém. Claro que, se vai incorporar uma aliança de MasterMind, essa partilha pode ser o primeiro passo no seu plano (e, se você não está usando um MasterMind, por que não? Não jogue fora essa vantagem!).

Partilhar propósito e plano é algo que costuma assustar as pessoas que estão começando a agir. Uma vez que tem alguém sabendo o que você está fazendo, não há como esconder contratempos. Você não tem como negar que quer mudar de vida. Não pode fingir que está satisfeito com o *status quo*. Você está admitindo que sua vida não é exatamente o que você queria que ela fosse.

Assumir a responsabilidade pelo seu futuro também significa assumir responsabilidade pelo seu passado e seu presente, com todas as falhas destes. Sendo assim, partilhar é fazer-se vulnerável. Você fica vulnerável às críticas, vulnerável à decepção, vulnerável às dúvidas de outras pessoas.

> *Assumir a responsabilidade pelo seu futuro também significa assumir responsabilidade pelo seu passado e seu presente, com todas as falhas destes.*

Mas partilhar o abre para toda uma lista de coisas que valem cada pedacinho de vulnerabilidade que você sente. Para começar, você ganhará um ou outro fã, e estes já são muita coisa. Poderá atender o telefone e dizer "consegui", e ouvir uma resposta entusiasmada. Isso reforça demais a sua determinação. Poderá, também, procurar os outros para pedir ajuda, tanto como parte do seu plano quanto no calor do momento, quando precisar de um empurrão a mais ao lidar com alguma coisa.

Igualmente importante, você terá pegado um plano e lhe dado vida própria ao partilhá-lo. É fácil demais ficar sentado, pensando "vou começar amanhã", quando ninguém, além de você, sabe que você ficou sem fazer nada hoje e no dia anterior. Assim que partilha o seu plano com outra pessoa, não somente você vai a público como também admite isso para si mesmo de toda uma nova maneira. Falar as palavras para outra pessoa as valida para sua mente. É como dizer "eu te amo" pela primeira vez. Essa admissão é uma confissão tanto para o ente querido quanto para você mesmo.

Se os seus planos parecem tão estranhos para sua vida agora que você não consegue nem se imaginar partilhando-os, por favor encontre pelos menos uma parte deles que você possa partilhar. Conte a alguém que você está fazendo uma aula ou em busca de certa promoção. Identifique algo que possa contar a alguém em segurança, e conte. Você descobrirá que partilhar uma parte facilita muito partilhar o restante: talvez se sinta tão bem com isso que acabe partilhando o plano inteiro.

> *Falar as palavras para outra pessoa as valida para sua mente.*

> *Comece onde você está!*

Mas, por favor, faça como Napoleon Hill sempre aconselhou: comece onde você está!

SER CRITICADO

Ocasionalmente, as pessoas partilham seus planos com alguém que não sabe lidar com a informação. Em vez de encorajamento, elas recebem negatividade, que pode ser hostil ou apenas um desdém sutil. Frequentemente, essa pessoa é um parente.

Se isso acontecer com você – e acontecer em raras ocasiões –, você precisará ser forte. Não se perca nessa reação ruim. Pense que a pessoa para quem você contou pode ter ficado tão sobrepujada pela novidade quanto você estava quando começou a contemplar o que queria fazer e tudo que isso significava. Uma pessoa que não trabalhou com AMP e não devotou todo o cuidado que você colocou na descoberta do seu propósito maior e na concepção do plano para ele acontecer pode simplesmente não estar pronta para aceitar que isso é possível.

Não devote energia para tentar trazer alguém para o seu lado nesse ponto. Se a novidade é um choque ou uma ameaça, você vai apenas atiçar o seu confidente e inspirar discussões futuras acerca de por que você está cometendo um erro. Agradeça a essa pessoa por se preocupar com você, ainda que essa emoção não esteja no topo da lista de tudo aquilo que você está sentindo. E então encerre a conversa o mais rápido e educadamente possível.

Mais tarde, sozinho, se possível, passe um tempo lendo sua afirmação de propósito várias vezes. Foque a mente no que você quer e no que vai fazer. Não perca tempo com nenhuma das reações que você recebeu. Em vez disso, volte sua força de vontade para encontrar outra pessoa com quem partilhar os seus planos.

A maioria das pessoas descobre que partilhar facilita muito dar o próximo, ou até o primeiro, passo do plano. Confessar, digamos assim, o que eles querem é libertador e inspirador de modos jamais imaginados. É um passo importante para descobrir uma comunidade de pessoas que acreditam em você – e perceber que você é a pessoa mais importante nessa comunidade.

> *Partilhar facilita muito dar o próximo, ou até o primeiro, passo do plano.*

DEPARANDO COM UMAS LOMBADAS

Progredir rumo ao que você quer lhe mostra partes do panorama que você apenas imaginava antes. A nova vista é sempre extasiante, mas pode também mostrar umas curvas na estrada que você não sabia que existiam.

Esse é outro motivo pelo qual você deveria ter uma aliança de MasterMind estabelecida assim que puder. Você terá outras pessoas para ajudá-lo a navegar por terreno novo ou olhar mais adiante por você. Terá

> *Progredir rumo ao que você quer lhe mostra partes do panorama que você apenas imaginava antes.*

recursos, imaginação e conhecimento dos quais poderá lançar mão e que vão muito além do seu.

Mas e se você descobrir, depois de implementar o seu plano, que ele não está funcionando? O curso que você projetou não o levará para onde você queria ir. E agora?

Você adapta. Cuidadosamente, refletindo, e o mais rápido que puder.

O que não se deve fazer é ver essa surpresa como sinal de que você é um fracasso. Não existe uma só pessoa em toda a história da humanidade que não tenha mudado de curso, recuado, esperado um tempo ou até engolido um sapo antes de ter sucesso naquilo que se pôs a fazer na vida. E todos eles ficaram mais espertos, fortes, e, finalmente, foram mais bem-sucedidos por causa disso.

As crianças não param de andar na primeira vez que caem. A menor das crianças e as pessoas mais bem-sucedidas sabem, todas, que haverá decepções. Mas as metas que estão buscando valem umas topadas. E nenhuma delas levanta e faz exatamente o que fez antes. Elas alteram alguma coisa.

Quando encontrar o seu primeiro contratempo, pense em quanto você quer o seu objetivo. E depois comece a olhar ao redor, em busca de pontos nos quais fazer mudanças no seu plano. Talvez precise de mais estudo, mais capital ou mais sócios. A mudança necessária será algo ao seu alcance, ou seja, algo que você pode fazer ou obter se focar no seu propósito maior e na sua crença de que pode alcançá-lo.

Não desista. Procure alternativas. Pergunte às outras pessoas a opinião delas. Talvez você tenha mesmo que fazer uma pausa, por um tempo, mas passar esse tempo dizendo "estou procurando outro jeito de conseguir o que quero" será muito melhor do que ficar reclamando: "estou travado: não estou chegando a lugar algum".

Se encontrar um contratempo, volte e leia, no capítulo 1, sobre a Atitude Mental Positiva. A AMP é essencial para superar um obstáculo aparente.

O que quer que você faça, não desista!

AVANCE!

A essa altura, talvez você esteja tão atiçado com o seu plano para alcançar sua meta que queira pôr de lado este livro e começar a agir. Você sente que o seu destino está sob o seu controle. É como tirar a carta de motorista. Você quer sair e cair na estrada, sentir a liberdade, ir a algum lugar, qualquer lugar, porque agora isso é finalmente possível.

Mas há mais doze outros capítulos neste livro, e todos esses capítulos o ajudarão a construir novas habilidades que apenas facilitarão, para você, conseguir o que mais quer na vida. Você pode começar agora mesmo a colocar o seu plano em ação, mas primeiro dê um tempo para estudar os capítulos restantes e absorver e aplicar o que eles lhe mostram.

Cada capítulo seguinte lhe mostrará um novo jeito de tomar o controle da sua mente, esse item precioso, insubstituível. Você ficará empolgado com o que aprenderá, e só ficará mais confiante com sua habilidade de ter sucesso. Terminar este livro, que fala sobre como realizar plenamente seu próprio potencial, é algo que você deve a si mesmo e ao seu propósito maior.

Então venha e aprenda o que mais as ideias de Napoleon Hill podem lhe mostrar sobre o que você pode fazer para viver sua vida sob os seus termos.

CAPÍTULO 5

ACENDENDO O FOGO

"Um homem que tem um propósito maior definido precisa ter um alarme."

– Napoleon Hill

A mudança começou.

O que no início era o lampejo de uma ideia evoluiu para uma crença firme de que você pode ter o que mais quer na vida. Visto que você deu nome ao que quer e criou um plano para fazer acontecer, ficou confiante de que é possível. Sua meta está ao seu alcance!

Você se sente energizado, vivo e empolgado com o que pode fazer. Medos antigos estão se dissipando, e novas ideias estão saltando na sua mente o tempo todo. Talvez você não saiba de onde vem toda essa energia, mas isso é empolgante, não é?

Sim, é uma sensação maravilhosa de afirmação da vida que o varre quando você pensa em como sua vida está mudando e continuará se transformando. E essa energia, essa sensação de força e possibilidade, ela brota de dentro de você. Ninguém a está criando. Você não precisa da aprovação de ninguém para sentir isso. Pode conjurá-la apenas focando a mente no seu propósito maior.

Esse incrível jato de confiança e energia é o seu entusiasmo. É um reflexo da sua crença sincera em si mesmo, incrementada pelo seu desejo de criar uma vida que você possa viver sob os seus termos. É um poder pessoal maravilhoso que todos nós temos, e um dos maiores benefícios das ideias de Napoleon Hill é que elas podem lhe mostrar como usar seu entusiasmo para um propósito. Seu propósito.

ARDOR CONTROLADO

Todo mundo tem entusiasmo de vez em quando. Talvez você o sinta quando o time de futebol do seu filho tem a vantagem num jogo. Ou talvez se avolume quando você finalmente sente que o fim de um projeto está à vista. Você pode experienciar entusiasmo ouvindo um sermão ou um discurso político, ou quando finalmente pode tirar férias para viajar para um lugar a que sempre sonhou ir.

> *Esse incrível jato de confiança e energia é o seu entusiasmo.*

Entusiasmo como esse é uma reação honesta a um desenrolar empolgante. Em geral, não é criado por algo que você fez, mas pelas ações de alguém que você ama ou admira, alguém com cujo sucesso ou ideias você se identifica.

Porém, na maior parte do tempo, esse tipo de entusiasmo se dissipa quando mudam as circunstâncias. O time do seu filho ganha o jogo, você celebra, e depois tem um relatório para escrever. Suas férias terminam, e você está de volta naquela ralação de sempre. As lembranças são ótimas, mas aquele assomo de empolgação se foi.

Não tem que ser assim – não no que tange ao entusiasmo que você sente pelo seu propósito maior. Você pode criar entusiasmo quando quiser, reforçá-lo quando necessário e usá-lo para se motivar a fim de enfrentar tarefas difíceis, tomar decisões difíceis, construir autoconfiança e trazer outras pessoas para sua causa. O entusiasmo pode ser uma ferramenta poderosa quando você escolhe conscientemente usá-lo para alcançar as suas metas.

Mas, como qualquer fogo, o entusiasmo precisa de monitoramento cuidadoso. Você precisa estar muito ciente da habilidade dele de influenciar outras pessoas, bem como a si mesmo. Quando direciona o seu entusiasmo para empreitadas valorosas e o usa com total ciência dos efeitos dele, seu entusiasmo é benéfico. Quando o seu entusiasmo adquire vida própria, ele pode ser desastroso.

> *Quando o seu entusiasmo adquire vida própria, ele pode ser desastroso.*

UMA MULHER QUE ENTENDE O ENTUSIASMO

Napoleon Hill adorava contar uma história sobre como ele começou a entender que o entusiasmo precisava ser guiado em direção a um propósito.

A mãe de Hill morreu quando ele era um garotinho. Por muitos anos, o pai se sentiu incapaz ao ver o filho crescer e se tornar o terror da vizinhança. O menino vivia pregando peças, desobedecendo ao pai e se metendo nos problemas mais caóticos e destrutivos. Ele arrumou uma pistola e anunciou a todos que seu ídolo era Jesse James. Poucos duvidaram.

Algum tempo depois, o pai de Hill casou-se de novo. Martha Ramey Hill era ex-professora de escola e não vacilou quando o marido apresentou o filho como "o pior rapaz do país".

> "Você está errado", disse ela a pai e filho, que ficaram aturdidos. "Ele não é o pior rapaz, mas o mais esperto, só que ainda não encontrou a vazão adequada para o seu entusiasmo."
>
> Foi Martha que sugeriu que as "aventuras" de Napoleon refletiam imaginação e motivação forte, não uma tendência para o crime. Foi Martha que lhe comprou uma máquina de escrever e lhe deu em troca da pistola. Foi Martha que o encorajou a escrever suas aventuras e ideias.
>
> Então foi Martha Ramey Hill, com seu entendimento do entusiasmo, que colocou Napoleon Hill no caminho para descobrir os princípios que você está aprendendo agora a aplicar na sua vida.

Imagine que você vai comprar um celular. Na primeira loja que visita, você encontra Cliff, o vendedor. Cliff tem tanta certeza da sua necessidade de um celular que já decidiu de qual você precisa. O Sparky 800 tem um monte de itens. Ele vem com plano de ligações que lhe dá chamadas internacionais de graça, e, o melhor de tudo, é sempre rastreável. Qualquer um que tentar ligar para você receberá uma mensagem lhe dizendo onde você está!

Toda vez que você pergunta a Cliff sobre outro celular, ele acena e lhe diz que é uma porcaria. Uma pessoa importante e ocupada como você precisa estar conectada o tempo todo. Você precisa de confiabilidade, precisa de acesso – precisa do Sparky 800!

Entretanto, você está imaginando como seria se simplesmente pegasse o celular e não tivesse que estudar um manual antes de usá-lo. Você quer poder falar com o escritório ou o serviço de guincho numa emergência, não checar o preço da barriga de porco em Frankfurt. E quanto a todo mundo saber onde você está, a todo momento do dia, isso parece um convite para colegas enxeridos tomarem ainda mais do seu tempo para lhe perguntar por que você esteve no dentista na tarde de ontem.

Você sai de perto de Cliff o mais rápido que pode.

Juntando coragem para tentar de novo, você entra em outra loja. Miranda começa fazendo perguntas acerca do que você quer que um celular faça para você. Ela é confiante, mas respeitosa, e, quando explica por que um telefone específico não é o melhor para as necessidades que você expressou, jamais detona nenhum dos produtos que são responsabilidade dela vender. Ela lhe apresenta diversas opções e faz uma recomendação que está de acordo com o que você quer, e você sai da loja com um celular que faz exatamente o que você quer que ele faça.

Tanto Cliff quanto Miranda têm entusiasmo pelo trabalho. Contudo, o entusiasmo de Cliff está fora de controle. Ele está tão convencido acerca dos benefícios do Sparky 800 que não consegue imaginar por que alguém iria querer outra coisa. O entusiasmo de Miranda, por outro lado, tem um alvo. O entusiasmo dela é direcionado para entender aquilo de que você precisa. Ele faz dela bem-informada e interessada em você, e não o sobrepuja. Enquanto Cliff faz você se afastar, Miranda lhe dá a sensação de que você poderia voltar à loja dela e receber um bom conselho acerca de outro equipamento.

Essa é a diferença entre entusiasmo descontrolado e entusiasmo que é adequadamente direcionado. São igualmente poderosos, mas um é tão propenso a lhe causar dificuldades quanto a ajudá-lo. O outro foca sua atenção e suas habilidades na tarefa em questão, torna-o mais ciente, é mais convincente e é agradável de ter por perto. Essa é a diferença entre as chamas que lambem as cortinas e a brasa quentinha dentro da lareira.

Revelando o maior segredo de Napoleon Hill

CONTROLE DAS CHAMAS

Então como fazer para ter certeza de que você tem o tipo certo de entusiasmo?

Primeiro, você precisa de uma Atitude Mental Positiva (AMP) forte.

A AMP é necessária para haver entusiasmo, em primeiro lugar. Você precisa acreditar que o que está fazendo vale a pena e é possível. Mas tenha em mente que "a AMP fornece a resposta correta a situações variadas, obstáculos e oportunidades".

Em outras palavras, a AMP é proporcional.

Ajuste sua demonstração de entusiasmo a cada pessoa com quem você lida. Seja como a vendedora Miranda: faça perguntas, avalie o que a pessoa quer e determine que tipo de informação eles precisam ouvir. Claro que você deve ser honesto e franco em tudo isso, mas, ao focar sua fala e as suas ações no que é requerido, você demonstra respeito e inteligência. Essas qualidades fazem de uma amostra tímida de entusiasmo muito mais convincente do que uma demonstração exagerada que sugere que você está um pouco desequilibrado.

A AMP é proporcional.

O entusiasmo controlado requer também um conhecimento claro do seu plano para o sucesso. Quando você sabe como vai alcançar o seu propósito maior, consegue impedir que o seu entusiasmo o tire da rota. Quando uma nova oportunidade se apresenta, você pode avaliar essa opção em termos de como ela serve ao seu plano. Quando está começando a buscar o sucesso, talvez você fique entusiasmado demais. Quem sabe sinta quanto é possível para você agora, e pode se sentir tentado a agarrar tudo de uma vez.

Isso é uma coisa ruim porque é fácil demais encher sua agenda com mais metas do que você pode alcançar. Você se verá comprometido em exagero com obrigações conflitantes e ficando sem tempo, dinheiro e vigor. Perderá a boa vontade das pessoas que estão trabalhando com você, e logo se verá bem distante do que realmente queria inicialmente.

Com a sua afirmação de propósito e o seu plano como parte dos seus pensamentos diários, você será capaz de avaliar como uma escolha específica os afeta. É muito mais fácil decidir buscar uma recompensa arriscada quando você sabe se ela é realmente importante para o que você quer. Talvez nem seja uma recompensa. Por exemplo, você precisa de publicidade nacional agora, antes de ter sua equipe treinada do jeito adequado para lidar com clientes novos?

Isso não é o mesmo que dizer que controlar o seu entusiasmo deveria impedi-lo de agarrar oportunidades. Talvez você possa trocar recursos para incrementar o treinamento da equipe antes que a publicidade funcione. Você poderia lucrar tremendamente com a exposição nacional – se pensar bem nas coisas e se preparar. O entusiasmo controlado nem sempre diz "não". É muito mais provável que diga "sim, se eu fizer do jeito certo".

Seu plano e seu entusiasmo afetam um ao outro, então um tem de levar o outro em consideração. Em geral, isso significa deliberação cuidadosa, que o entusiasmo desregrado pode facilmente impedir. Mas se você tem clareza das suas metas e como quer alcançá-las, pode fazer o seu entusiasmo cumprir sua função adequada e poderosamente.

Tempere sua consciência com honestidade e senso de proporção.

Consciência – é a isso que se resume. Você precisa estar ciente do que as outras pessoas querem de você, o que você quer delas e o que suas circunstâncias requerem. Tempere sua consciência com honestidade e senso de proporção. Ajuste com uma dose de paixão e convicção. Depois observe o efeito do seu entusiasmo sobre si e os outros.

Revelando o maior segredo de Napoleon Hill

ALIMENTE O FOGO

Seu entusiasmo pelo seu propósito maior é algo que você cria. Mesmo quando parece juntar-se dentro de você sem ter sido ordenado, você o criou pelo seu desejo do que você quer e seu conhecimento de que pode ter. Você é a fonte.

De acordo com isso, você pode também conjurar o entusiasmo quando precisar dele. Pode usá-lo para convencer alguém, para dar-se a energia de que precisa quando está começando a se sentir exausto ou quando um lampejo de dúvida entra na sua mente. Em geral, tudo de que você precisa é se lembrar da sua meta, e seu entusiasmo fluirá.

Mas ser capaz de atiçar o fogo ajuda. O entusiasmo é o resultado de processos mentais, e você sabe, a essa altura, que pode controlar todos os seus processos mentais conforme precisar. Você pode criar e reforçar o entusiasmo de que precisa.

Algumas pessoas têm dificuldade de aceitar isso. Elas acham que o entusiasmo deve vir do coração. Ou está lá ou não está. Qualquer outra coisa é autoenganação. Isso é verdade, em parte, mas negligencia alguns pontos.

Primeiro, seu entusiasmo pelo seu propósito maior está sempre lá. Quando você está preso na estrada com um pneu furado debaixo de chuva, encharcado até os ossos ao lutar com o estepe, seu entusiasmo pode parecer a coisa mais distante da sua mente. Mas ele não foi encharcado pela chuva. Você só se permitiu se esquecer dele por ora.

O mesmo vale para quando um contratempo ou um dia difícil o deixa deprimido ou preocupado. Você não perdeu o entusiasmo. Só deixou a mente focar num desapontamento e no seu cansaço. Se fosse subitamente confrontado com a chance de acionar um interruptor e ter o que você mais queria na vida, rapidamente encontraria a energia e a determinação para fazer isso. Você seria instantaneamente capaz de acessar seu entusiasmo.

Quando você resolve criar entusiasmo em circunstâncias menos dramáticas, também não está se enganando. Está totalmente ciente do que está fazendo, e está fazendo por um propósito que você entende por completo. Está entrando em contato com um lado de si mesmo que existe fora do momento no tempo que você ocupa agora. É um lado seu que define quem você é e o que você quer. É totalmente real.

Eis algumas maneiras de ensinar a si mesmo a entrar em contato com esse *eu* persistente, que o define, e com todo o seu entusiasmo pelo seu objetivo.

Gatilhos. Um gatilho é uma palavra ou frase que o lembra de por que você tem entusiasmo. Deve ser algo associado de perto com o seu propósito maior. Quando sentir a necessidade de ter um jato de entusiasmo, pense na palavra ou a diga, e foque a mente em tudo que ela significa.

Você fortalecerá dramaticamente o poder dos seus gatilhos se pensar neles quando encontrar o entusiasmo se juntando por conta própria. Repita os gatilhos, em voz alta e na sua mente, em meio ao entusiasmo, e você reforçará a ligação entre os gatilhos e os seus sentimentos.

Seguem alguns bons gatilhos, mas fique à vontade para escolher o seu. Faça com que sejam palavras que ressoem para você e o lembrem de que você alcançará o sucesso:

Ação!
Motivação!
Força!
Desejo!
Eu posso!
Eu vou!
Paixão!
Avante!

Note que cada gatilho sugerido aparece com um ponto de exclamação. Isso é para lembrá-lo da ênfase que você deve dar ao gatilho quando usá-lo. Pense nele ou diga com intensidade, e você começará a sentir entusiasmo com a mesma força.

Amuletos. Escolha um item que você guarde consigo sempre, ou que esteja sempre perto. Quando estiver se sentindo entusiasmado, pegue ou olhe para esse item. Invista-o com uma associação com o seu entusiasmo. Se possível, toque, para que a sensação do item na sua mão se conecte ao seu entusiasmo.

Essa é uma boa maneira de ligar o seu entusiasmo a algo intimamente associado com o trabalho que você está fazendo para alcançar o sucesso. Toda vez que pegar esse amuleto, você sentirá um jato de entusiasmo.

Amuletos podem parecer infantilidade para algumas pessoas, mas são ferramentas muito efetivas quando usados para um propósito. Qualquer pessoa que já foi fumante pode lhe dizer quão associado fica um cigarro a certas ações ou humores. Em geral, uma das coisas mais difíceis em parar de fumar é romper a associação entre o cigarro e outra coisa que satisfaz. Mas em vez de se limitar com uma ligação negativa, como o hábito de fumar, você pode criar uma associação positiva que dê um gás nos seus sentimentos bons.

Posso sugerir alguns itens que dão bons amuletos, mas fique à vontade para ser criativo ao escolher o seu. O que importa é escolher um item que esteja sempre por perto.

Peso de papel
Óculos
Moeda
Livro
Relógio

Abridor de cartas

Fotografia

É possível que alguns desses itens já estejam imbuídos de significado para você. Isso é ótimo. Tire vantagem de associações positivas. Se algo lhe foi dado por um mentor que você admira, isso será um ótimo amuleto. O mesmo vale para algo que simboliza sua meta. Pode ser um modelo, um prêmio que você ganhou ou uma ferramenta que faz parte do trabalho. Um médico pode fazer um estetoscópio de amuleto, um arquiteto pode escolher um compasso e um cozinheiro pode usar um *fouet*. Mesmo que o item pareça mundano agora, você pode torná-lo bastante significativo.

Tempo. Aqui está uma abordagem incrivelmente útil que pode ajudá-lo a passar por algumas das partes mais difíceis do dia. Todos nós temos rotina, ou padrões, no dia a dia. Esses padrões incluem picos de energia, bem como faltas. Um ponto baixo muito comum vem no meio da tarde, tanto logo após o almoço quanto por volta de quatro da tarde, quando nosso corpo é mais propenso para sugerir que agora seria um bom momento para tirar uma soneca. Seu ponto baixo pode vir em outro momento. Não faz diferença. A técnica funciona em qualquer hora que você aplicá-la.

Escolha um momento em que você quiser sentir entusiasmo. Certifique-se de que está perto de um relógio ou usando um no pulso para que as suas ações sejam associadas com esse tempo específico (alternativamente, você pode ligar seu entusiasmo com uma rotina específica). Agora, todos os dias, por duas semanas, use ou uma frase de gatilho ou um amuleto para acessar seu entusiasmo. A única coisa que você tem que fazer com o seu entusiasmo a essa altura é garantir que vai associá-lo com a hora que você escolheu, embora eu tenha certeza de que você encontrará um monte de coisas às quais aplicá-lo.

Provavelmente não levará duas semanas inteiras para o entusiasmo se tornar uma resposta arraigada na hora (ou na ação). Mas duas semanas inteiras de criar entusiasmo conscientemente sob essa circunstância específica estabelecerão firmemente o comportamento em você.

Para ser entusiasmado, aja com entusiasmo.

Esse incremento no entusiasmo funciona mesmo! As possibilidades são quase ilimitadas. Você pode programar para receber seu cônjuge com bom humor, comparecer a reuniões na melhor forma ou até chegar à academia pronto para malhar pesado. E se usar num momento do dia em que o entusiasmo das outras pessoas tende a fraquejar, como naquele marasmo logo após o almoço, você se destacará.

Ação. Uma máxima que Napoleon Hill valorizava era esta: para ser entusiasmado, aja com entusiasmo.

Com isso ele queria dizer que você pode criar entusiasmo abraçando os sinais exteriores dele. Ou seja, se adotar os atributos físicos do entusiasmo, você começará a se sentir entusiasmado. Mais uma vez, isso não é lorota. Você não criará entusiasmo onde ele não existe. Mas conectará seus sentimentos subjacentes se lhes der espaço para se expressar.

Eis algumas manifestações exteriores de entusiasmo numa pessoa:

1. Um sorriso.
2. Um tom de voz mais animado.
3. Boa postura.
4. Linguajar positivo e perspectivas otimistas.
5. Olhar os outros nos olhos.
6. Interesse na outra pessoa ou pessoas.
7. Senso de humor.

Essas manifestações serão abordadas em detalhe num capítulo adiante, mas, por ora, simplesmente fique sabendo que a falta delas joga um balde de água fria em como as outras pessoas percebem o seu entusiasmo, além de como você se sente. Você consegue imaginar que vai convencer alguém de alguma coisa franzindo o cenho? Ou murmurando e olhando para o chão? Claro que não.

Quando estiver sentindo falta de entusiasmo, adote todos os comportamentos mencionados. Você pode usá-los um por vez, se quiser. Acostume-se com três ou quatro deles, e os demais provavelmente ocorrerão automaticamente. Não há como sorrir e continuar se sentindo para baixo. Não há como se interessar por alguém sem olhar para a pessoa ao falar. Tudo isso faz parte do que acontece quando você tem entusiasmo.

O PODER DA AÇÃO ENTUSIÁSTICA

Um dos momentos mais sombrios do reinado da rainha Elizabeth I, da Inglaterra, ocorreu quando a armada espanhola, na época a maior frota de navios do mundo, ameaçou atracar nas margens inglesas. A Espanha era uma grande potência, e a Inglaterra era um coadjuvante nos assuntos da Europa. A popularidade da rainha entre seus súditos vacilava, e seu exército e a marinha eram insuficientes para fazer oposição à Espanha.

Reconhecendo a importância de demonstrar fé em seu povo e em sua causa, Elizabeth I vestiu-se com uma armadura branca reluzente, montou num cavalo branco e cavalgou de Londres até os campos onde as grandiosas forças espanholas eram aguardadas. Suas ações galvanizaram as pessoas ao longo do percurso, e, quando ela chegou ao possível campo de batalha, foi recebida com ovações e empolgação tremendas. A determinação do povo inglês para lutar por sua terra natal estava maior do que nunca.

Tempestades marítimas garantiram que poucos dos invasores espanhóis conseguissem chegar à Inglaterra. Menos ainda alcançaram as margens. De certa maneira, a demonstração de entusiasmo da rainha foi desnecessária.

> *O entusiasmo é útil em quase toda situação.*

Mas as histórias de sua ousadia e determinação varreram o interior e toda a Europa. Sua popularidade em casa cresceu, e, pelo restante de seu reinado, nenhuma potência europeia ousou contemplar um ataque a seu reino.

Essa escolha consciente e deliberada por agir com entusiasmo não é um artifício. É tão honesta quanto um sentimento perene porque é uma maneira de acessar sentimentos que são importantes para você. Você não está enganando ninguém. Está apenas garantindo que as emoções que quer demonstrar estão recebendo meio de expressão.

Quaisquer que sejam os métodos que você decidir usar para criar entusiasmo, descobrirá quão valioso é ter essa energia e essa determinação mental na manga. Seja deliberado e tenha ciência de como você usa o seu entusiasmo, mas nunca tenha medo de usá-lo quando sentir necessidade.

TIMING É TUDO

Você deve estar se perguntando o que deve fazer com todo esse entusiasmo agora que o tem. E quando deve ligá-lo.

O entusiasmo é útil em quase toda situação. Seguem exemplos de como você pode aplicá-lo. Serão exemplos mais amplos. Afinal, o seu propósito maior é diferente dos das outras pessoas, e as suas circunstâncias serão únicas.

Antes de ler sua afirmação de propósito, pela manhã. Ler sua afirmação de propósito lhe dará um jorro de entusiasmo todo seu. Entretanto, se você parar um tempo para se entusiasmar antes de começar a ler, colherá dividendos redobrados. Ficará mais empolgado e mais energizado. E, se for assim que você começar sua manhã, descobrirá que seu entusiasmo dará cor a tudo mais que você fizer.

Antes de uma reunião. "Reunião" está num sentido bem geral aqui. Se você passa o dia inteiro no telefone, acorde o seu entusiasmo antes de fazer suas ligações. Se é vendedor, provavelmente terá diversas reuniões. Mas tenha em mente que o entusiasmo é uma qualidade muito convincente numa pessoa. Se estiver tentando vender algo ou fornecer um serviço, perceberá as pessoas mais receptivas para você quando transmitir entusiasmo. Você abordará o encontro com mais autoconfiança, apreciará mais e ficará mais contente com o resultado.

Quando está evitando alguma coisa. Todos temos coisas que não queremos fazer, desde responsabilidades no trabalho até tarefas de casa. Se há um trabalho que você vem empurrando com a barriga, o melhor jeito de garantir que ele será concluído é começar com um estado de espírito entusiasmado. Se não conseguir conjurar entusiasmo da sua fonte de sempre, procure outro método. Uma pessoa que conheço limpa a casa ouvindo música *dance*. Ela a faz querer se mexer, dita um ritmo que dá para seguir e injeta um pouco de diversão numa tarefa chata.

Quando você encontra uma pessoa negativa. Existem muitas pessoas por aí que adoram reclamar, fazer predições sinistras e partilhar o mal-estar que sentem por dentro. O melhor conselho, claro, é evitar pessoas como essas o máximo que você puder, mas nem sempre isso é possível. Portanto, se você está fadado a ficar perto de alguém cuja atitude é negativa, contraponha-a com um pouco de entusiasmo. Você pode direcionar todo o seu entusiasmo para uma tarefa que você partilha ou simplesmente canalizá-lo para sua atitude. A maioria das pessoas que tem perspectivas negativas não consegue tolerar isso. Talvez elas saiam de perto, ou, no mínimo, vão parar de reclamar para evitar que você tente iluminar o dia terrível delas. Faça-lhes um favor e seja entusiasmado mesmo assim.

Quando você se dá mal. Sua atitude em relação a um contratempo é o que faz dele temporário ou permanente. Você não pode ignorar más notícias, mas pode resolver reagir à situação que elas apresentam com entusiasmo. Isso não significa celebrar. Significa acreditar que existe um método de agir disponível para você no qual você pode fazer escolhas e influenciar o que acontecerá em seguida. Uma recuperação total pode não ser uma possibilidade imediata, mas, se você acreditar com entusiasmo que pode aprender algo importante sobre o que lhe ocorreu, já começou a pender as coisas a seu favor.

Quando você se dá bem. Passe um tempo saboreando os sucessos. Aprecie a sensação. Se associar essa sensação com palavras de gatilho e amuletos, estes serão ainda mais poderosos e eficientes. Essa é uma situação em que um controle adequado é muito importante. Se você se regozijar, é provável que comece a ficar convencido. É bem provável que deixe algumas pessoas irritadas também, o que não ajuda em nada.

> *Sentir o entusiasmo percorrendo sua mente e seu corpo altera fundamentalmente sua abordagem de qualquer situação.*

Quando os outros se dão mal. Uma pessoa que acabou de sofrer uma derrota precisa de um empurrão. Você precisa ser diplomático quando for partilhar o seu entusiasmo; não pode parecer que está com pena. Contudo, expressar confiança na habilidade da pessoa de se reerguer e seguir em frente pode ser tudo que ela precisa ouvir para fazer justamente isso. Você dará a si mesmo uma demonstração de quão útil é o entusiasmo, enquanto faz uma boa ação nesse processo.

Quando os outros se dão bem. Quando alguém que você conhece realiza alguma coisa, dê-lhe reconhecimento entusiástico e sincero. É bem possível que você faça isso automaticamente com pessoas que são mais próximas, mas não há mal em oferecer uma palavra gentil para alguém que você não conhece muito bem. Ficar de olhos abertos para oportunidades como essa também dá um ótimo empurrão na moral pessoal. É um jeito de lembrar a si mesmo da possibilidade de sucesso e de partilhar bons sentimentos.

O entusiasmo é um milagre pessoal que você pode criar para si mesmo toda vez que quiser. Sentir o entusiasmo percorrendo sua mente e seu corpo altera fundamentalmente sua abordagem de qualquer situação. Como qualquer efeito poderoso, ele precisa de direção e controle adequados, mas, bem guiado, o levantará mesmo quando você sentir que nunca esteve tão para baixo na vida.

Não há melhor jeito de começar qualquer tarefa que você tem à frente do que com entusiasmo. E não há melhor combustível para as chamas do entusiasmo do que a satisfação que vem de saber que você pode concluir qualquer meta que se dispuser a fazer. Desde o seu propósito maior até uma faxina: toda tarefa será concluída mais rápido e vai intimidá-lo menos se você começar e completá-la com entusiasmo.

CAPÍTULO 6

SOBREVIVENDO AO DESAPONTAMENTO

"Ninguém pode mantê-lo para baixo, exceto você mesmo."

– Napoleon Hill

Tragédias, contratempos e fracassos fazem parte da existência humana. Não há como se proteger deles, e eles podem dar golpes que parecem desfazer tudo que você sonhou e pelo que trabalhou. Mas podem também ser superados. Você pode obter sucesso apesar de – e, em geral, por causa de – eventos que, inicialmente, parecem ser devastadores.

Triunfar sobre a adversidade não é uma questão apenas de pensamento positivo. Isso requer persistência, fibra, trabalho duro, pensar bastante e ter disposição de se expor ao risco de ser magoado mais uma vez. Pode ser doloroso, mas as recompensas também podem ser ótimas.

GIRANDO A RODA

Os poetas nos dizem que a roda da fortuna está sempre girando, elevando algumas pessoas enquanto puxa outras para baixo. Isso é um bom lembrete de que acontecem coisas conosco que estão além do nosso controle.

Porém, poesia e poetas, na minha opinião, sempre foram um pouco negativos demais. Talvez seja porque muita poesia é escrita quando as pessoas estão se sentindo magoadas no coração.

"Dentro de cada derrota existe a semente de uma recompensa igual ou maior."

Sempre prefiro os narcisos de Wordsworth a ficar sofrendo de amor. Existe algo em encontrar alegria e beleza no mundo que é muito melhor para o espírito do que a depressão.

Decepção e dor são inevitáveis na vida. Mas o que não é inevitável é como você responde a elas. Você pode transformar um desapontamento em algo duradouro e belo. Pode converter más notícias em algo útil e positivo. Pode ser algo muito valioso para você.

Napoleon Hill escreveu que "dentro de cada derrota existe a semente de uma recompensa igual ou maior". Qual seria essa recompensa, pode não estar claro para você quando o mundo parece ruir ao seu redor, mas ela existe. Por mais devastador que algo lhe pareça nos primeiros momentos, pode ser algo valioso, importante e útil para você. Uma derrota pode ser um golpe esmagador com o qual você viverá para sempre, se assim permitir, ou pode ser algo que você supera e do qual tira lucro.

Isso parece contraintuitivo e difícil de aceitar. Todos nós experienciamos perdas e derrotas, e pode ser duro de acreditar que esses eventos podem ser coisas positivas. Mas deixe-me demonstrar o que quero dizer.

HORA DE DAR MEIA-VOLTA

Algumas pessoas acham que há algo de sentimental em excesso em quem tem afeto pelo livro e o filme *E o vento levou*. Acham que é uma história melodramática e que a heroína, Scarlett O'Hara, é mesquinha, egoísta, manipuladora e desonesta. Eles estão certos.

Mas Scarlett é uma heroína poderosa. Ela nunca desiste. O destino, os *yankees* ou os próprios esquemas dela estão sempre a humilhando ou a envergonhando. Entretanto, ela nunca deixa de se recuperar, arranja uma nova meta e começa a correr atrás.

> *Quando você para e vê qual foi o seu erro, está em posição muito melhor para se recuperar dele.*

Scarlett é muito falha como ser humano. Ela sabota muitos de seus maiores esforços. Joga fora o amor, deixa os outros muito tristes e não consegue nem começar a ver o que está fazendo com eles.

Ela não aprende com os erros, mas passa à frente deles. Você pode fazer as duas coisas. Quando você para e vê qual foi o seu erro, está em posição muito melhor para se recuperar dele.

Portanto, se a única lição que aprender com Scarlett for essa, você estará pronto para se recuperar de qualquer desapontamento que encontrar: amanhã é outro dia.

Porque todos nós vivenciamos tanto pensamento negativo ao longo da vida, em geral é mais fácil concluir que uma coisa boa pode ser algo ruim disfarçado do que confiar que uma coisa ruim é realmente algo positivo. Eis um exemplo óbvio do primeiro caso: uma mulher ganha na loteria. Isso é ótimo, até que ela descobre que não sabe como lidar com a riqueza súbita. Gasta demais o dinheiro novo, a família se despedaça por conflitos envolvendo o dinheiro, e ela adquire novos hábitos e novos traços de personalidade que deixam todos péssimos.

Outra mulher consegue a promoção pela qual vinha trabalhando por toda uma década. Ela tem o salário, o cargo e o respeito que sempre sonhou ter. Mas, subitamente, seus colegas ficam com inveja, ela tem menos tempo para a família e sua equipe de trabalho assume responsabilidades administrativas de que ela não gosta. Aos poucos, o emprego dos sonhos vira um pesadelo.

Se coisas boas podem ficar ruins, por que, então, é difícil aceitar que coisas que podem parecer ruins podem, na verdade, ser boas? Porque a programação mental negativa nos dá a ideia de que é mais provável que o mundo ofereça coisas ruins do que boas. Mas essa é uma crença infundada. Não é fato. É uma ideia que prejudica, limita, é derrotista.

As pessoas que aceitam a ideia de que nós mesmos determinamos se algo é bom ou ruim entendem três pontos importantes. Primeiro, entendem que há uma escolha a ser feita. Escolhemos, conscientemente, de coração, determinar as nossas reações aos eventos. Não simplesmente respondemos às novidades; nós as avaliamos e julgamos suas implicações e causas. Depois decidimos como agir.

Segundo, entendemos que nossa escolha de reações afetará profundamente se vamos ter sucesso ou não. Sabemos que, por mais decepcionante ou assustador que seja um evento, podemos extrair algo dele que nos fará mais fortes, sábios ou felizes. Não temos que gostar ou apreciar tudo com que nos deparamos. Mas temos a necessidade de moldar as coisas e não as deixar determinar tudo que nos acontece.

E, terceiro, entendemos que qualquer derrota ou contratempo é somente temporário, contanto que escolhamos sair por cima. Podemos escolher deixar um erro para trás. Podemos escolher descobrir o que causou a derrota e fazer as correções necessárias. Escolhemos lembrar que, enquanto tivermos os poderes da nossa mente à nossa disposição, ainda temos as ferramentas essenciais para aprender com a derrota e colocar a vida de volta nos trilhos.

Essas escolhas demandam força, determinação e, acima de tudo, AMP. Mas são nossas escolhas, e resolvemos fazê-las conforme achamos adequado – moral, proposital e poderosamente. Nós fazemos o

110

nosso sucesso. Nós alcançamos o que queremos na vida. Nós mudamos o mundo de maneiras maiores e menores.

Harriet Tubman nasceu escrava. Era legalmente propriedade de outra pessoa, e não podia opinar quanto a onde morava ou como trabalhava. Ela poderia ter aceitado essa situação, mas a rejeitou. Após escapar da escravidão, levou centenas de pessoas à liberdade e inspirou milhares de outros escravos a escapar pela Underground Railroad.* Não se permitiu ser aprisionada pela perda da liberdade e pela opressão que assolava o seu povo. Ela se opôs a essas dificuldades e desvantagens durante toda a sua vida e deu exemplo de liderança que perdura até hoje.

Helen Keller era cega e surda. Foram anos até que Anne Sullivan rompesse o isolamento no qual Keller vivia. Mas, assim que teve ciência de que as barreiras ao seu redor poderiam ser superadas, Keller ficou determinada a ajudar outros a superá-las também. Escrevendo e palestrando, além de fazer de si mesma um exemplo, ela transformou as ideias da sociedade sobre o que era possível para pessoas que não podiam ver nem ouvir. Hoje, cegos e surdos participam da sociedade de maneiras que eram inimagináveis quando Helen Keller era criança.

> *Dor e sofrimento são combustíveis para a luta.*

Os obstáculos também podem ser inspirações. As barreiras são direcionamentos para novos caminhos. Dor e sofrimento são combustíveis para a luta. As coisas que essas mulheres alcançaram não foram acidentais. Seu sucesso foi resultado dos pensamentos e das ações de pessoas que não deixaram que a adversidade bloqueasse o caminho delas.

---

* Rede secreta de rotas e esconderijos estabelecida nos Estados Unidos em meados do século 19, utilizada por escravizados para escapar em direção aos estados livres (especialmente no Norte) ou para o Canadá. O esquema era apoiado por abolicionistas e outras pessoas simpáticas à causa dos escravos fugitivos. (N.E.)

Revelando o maior segredo de Napoleon Hill

TOMANDO CONTROLE DA RODA

A inspiração é poderosa. Ela pode conduzi-lo adiante quando tudo parecer arruinado. Embora não haja uma fórmula simples para lidar com desastre e dor, você pode começar, mesmo quando as coisas parecerem o mais sombrias possível, a construir a fundação para sua recuperação.

Primeiro, reconheça que sua derrota é temporária. Se você está vivo, pode se recuperar. Pode ser mais forte e sábio com o conhecimento que vai ganhar, e, conforme sua recuperação progride, pode perceber que tem uma habilidade para se reerguer que nunca foi testada.

Um solavanco que ocorra bem no começo do seu plano para o sucesso pode lhe ensinar uma lição. Você pode acabar entendendo que todas as qualidades que tornam possível o sucesso do seu plano ainda estão ali. Estão dentro de você. Essas qualidades são resultado da sua mente – a única coisa que você pode sempre controlar –, e você pode usá-las para qualquer coisa que quiser.

> *Precisa ser ponderado ao separar seus sentimentos da análise do que deu errado.*

Como segundo passo, dê a si mesmo um pouco de tempo para absorver e aceitar os detalhes do que lhe aconteceu. Na maioria dos modelos de luto da psicologia, a negação é um passo comum. Mas a negação é um luxo que você não pode se dar. Quanto antes você se resolver em relação ao que experienciou, melhor.

Tente, no entanto, não caracterizar muito intensamente o que lhe aconteceu. Tudo bem admitir que você está desapontado, magoado, chocado, infeliz ou assustado. Sua resposta emocional é válida, e você terá que lidar com ela. Contudo, por ora, resista à tentação de deixar seus sentimentos iniciais lhe dizerem o que acontecerá em seguida. É fácil demais concluir que, porque uma coisa deu errado, tudo mais dará errado também. Isso apenas o mantém preso no lugar, quando o que você precisa fazer é voltar a seguir adiante.

Você precisa ter clareza do que as suas decepções significam para você. Às vezes, elas revelam uma perda causada por outra pessoa; às vezes, revelam um erro seu de julgamento. Pode ser muito mais fácil aceitar a revelação do próprio erro como um benefício óbvio, ainda que essa percepção possa ser humilhante. Quando você está enfrentando um contratempo causado por um erro de julgamento seu, no entanto, precisa ser ponderado ao separar seus sentimentos da análise do que deu errado.

Os artistas são um bom exemplo de pessoas para quem esse tipo de separação é importante demais. Em geral, o fracasso de um trabalho ou ideia está intimamente conectado com a ideia que o artista faz de si mesmo. Se os artistas não conseguem separar uma apresentação ruim de sua identidade, ficarão presos na dor e correrão o risco de sentir pena de si mesmos.

Quando você está trabalhando pelo seu propósito definido, um contratempo pode magoá-lo tão profundamente quanto ocorre com qualquer artista. Você precisa ser tão profissional e determinado quanto qualquer ator que já recebeu críticas negativas e acabou executando uma performance que lhe rendeu o Oscar. O seu prêmio depende de olhar muito bem para o motivo que o fez cometer esse erro e, em seguida, decidir como corrigi-lo. A correção pode envolver uma pequena mudança, ou pode demandar um reajuste maior. Você é capaz de ambos.

Assim que souber como precisa ressintonizar seu plano para o sucesso, reserve um tempo para lidar com como se sente acerca do equívoco. Reconheça que cometer um erro não significa que você é sempre apressado, tímido, sem inspiração, descuidado ou seja lá o que você ache que o fez tropeçar. Talvez você tenha umas tendências de comportamento que precise modificar. Se for esse o caso, comece imediatamente a fazer as mudanças. Não se demore na crença de que você tem algum tipo de falha.

A AMP é muito importante para manter sua mente focada naquilo que você pode alcançar. Você pode mudar o seu comportamento. Pode alcançar sua meta. Pode usar a AMP para fazer essas duas coisas, e começará a ter sucesso nisso assim que começar a tentar.

ELIMINANDO AS CAUSAS DE FRACASSO

Algumas pessoas nunca conseguem aceitar a responsabilidade dos seus erros. Duvido que você seja uma dessas pessoas. Se fosse, jamais lhe ocorreria tentar modificar o seu comportamento lendo um livro como este. Entretanto, é possível que a fonte do seu revés temporário seja algo que você não considerou até que o deixou magoado e embasbacado. A seguinte lista de motivos para o fracasso foi adaptada de uma lista concebida por Napoleon Hill. Não é exaustiva, mas deve lhe dar algo em que pensar.

1. Falta de propósito na vida.
2. Falta da instrução necessária.
3. Falta de ambição.
4. Falta de persistência e continuidade.*
5. Falta de autoconfiança.*
6. Falta de tolerância com as outras pessoas.
7. Falta de imaginação.*
8. Falta de dinheiro e tempo.*
9. Falta de autodisciplina.*
10. Desejo de vingança.
11. Desejo de sucesso rápido e fácil.
12. Atitude mental negativa.

Você tem o poder de mudar qualquer coisa no seu comportamento que fique no caminho do seu propósito maior. Um jeito muito eficiente de fazer a mudança é buscar ideias da lição anterior. Se você conseguir se entusiasmar, pode ser mais motivado, mais autoconfiante, mais honesto, mais tolerante ou qualquer coisa de que precise para ter sucesso.

O gatilho, o amuleto e as técnicas de *timing* podem todos ser usados para estimulá-lo a entrar no comportamento novo que você quer. Mais importante: a técnica da ação é um veículo muito eficiente para garantir que você pratique o novo comportamento que escolheu.

Essas primeiras três técnicas são também úteis para fazê-lo parar quando você começa a ruminar um fracasso temporário. Uma vez que você identificou o papel que teve no seu contratempo e identificou como vai corrigir as coisas, não adianta nada ficar obcecado com erros antigos. Se escolher reviver decisões infelizes, você minará sua AMP e poderá repetir os erros antigos e cometer novos. Você não pode criar uma espiral espetacular de desapontamentos para si mesmo vivendo no passado.

> *Você não pode criar uma espiral espetacular de desapontamentos para si mesmo vivendo no passado.*

Fechar a porta do passado não significa fingir que o erro não existiu. Tampouco significa que você não foi responsável pelas consequências. Significa, plena e simplesmente, que concluiu que esse evento único não o define. Você determinou que ele não o limitará, não o impedirá nem controlará. Você estará ativando os poderes da sua mente – seu único, maior e mais poderoso recurso – para escolher quem você é e o que vai fazer.

---

*Esses temas serão tratados em capítulos seguintes. Se tiver certeza mesmo de que uma dessas causas está por trás da decepção que você enfrentou, resolva agora mesmo começar a eliminar essa característica do seu comportamento.

Por mais duro que você trabalhe, não há como se blindar totalmente das decepções, e talvez isso não seja uma coisa tão ruim. Contratempos e limitações podem ser transformados em algo novo e maravilhoso quando você decide que está no controle.

Haverá tristeza e dor na sua vida, por mais cautelosamente que você planeje. Talvez, você vai se deparar com a derrota tanto quanto com o sucesso. Mas você, e apenas você, tem o poder de determinar qual desses sentimentos motiva as suas ações. Lembre-se de que qualquer coisa que acontecer com você pode acabar inspirando-o a dar passos para alcançar o seu propósito maior definido.

CAPÍTULO 7

MANTENDO A ROTA

"Pense antes de agir e economize o tempo
que você devotaria a corrigir erros."

– Napoleon Hill

Todos nós vivenciamos momentos em que parecemos perder o foco. Sabemos o que somos capazes de realizar, mas apenas parece que não há tempo nem energia. Às vezes, apenas uma coisa a mais na agenda já é o suficiente para deixar tudo fora de controle. Quando algo interrompe o seu fluxo de trabalho, você precisa reconhecê-lo e aplicar um pouco da boa e velha autodisciplina.

Autodisciplina. Um conceito que tem cara de dietas de fome, ascetismo sombrio e um senso de humor que vai de A a Z. Provavelmente você ouviu essa palavra ainda criança, quando um adulto muito sério tentou lhe explicar a importância de algo, como fazer a tarefa de casa ou manter o quarto limpo. Amarrada a um senso de negação ou dever; necessária para satisfazer os outros.

Mas essas são impressões equivocadas. A autodisciplina é uma ferramenta que você usa para benefício próprio. Você a aplica para obter algo que deseja. Não é usada para se engajar em atividades desagradáveis. Ela não faz de você alguém lerdo ou infeliz. Ela cria tempo para você e o que você quer na vida. Ela lhe traz satisfação, paz de espírito e controle sobre as demandas que você enfrenta. A autodisciplina faz todos os seus esforços valerem a pena, recompensados com benefícios que o levam para mais perto das suas metas.

Fortifique sua autodisciplina e você terá mais entusiasmo, menos revezes e mais AMP vibrante.

A autodisciplina é libertadora e empolgante. É a manifestação do controle que você tem sobre o jeito como pensa. Aplique a autodisciplina e você verá sua lista de responsabilidades pendentes diminuir até você estar pronto para outras. Fortifique sua autodisciplina e você terá mais entusiasmo, menos revezes e mais AMP vibrante. É uma ferramenta tremenda para intensificar todas as qualidades que você tem cultivado em si.

O mais incrível é que, se você começar pequeno, ela crescerá por conta própria. Você não precisa lidar com as questões mais sobrepujantes primeiro. Pode começar com passos curtos e descobrir que está dando passadas enormes sem nem ter percebido.

O CAMINHO DUPLO

Você deve aplicar a autodisciplina em duas esferas: suas ações e suas emoções. Cada área afeta a outra, em graus diferentes, em cada indivíduo. Mas, para quase todos, as emoções são tanto a chave quanto a armadilha. Se você não tomar cuidado, vai perder todo o controle sobre as suas ações. É verdade que ações não pensadas podem lançá-lo em um turbilhão de emoções, mas, com pulso forte em como você permite que as suas emoções influenciem as suas ações, você não terá que se preocupar tanto assim com o que está fazendo fisicamente.

Don M. Green

Este livro começou encorajando-o a desenvolver sua AMP precisamente porque é uma forma de autodisciplina emocional. Quando sua atitude mental é otimista e confiante, você não dá espaço às emoções menos interessantes na sua mente ou no seu coração. Todas as afirmações que você usa para criar e sustentar sua AMP estabelecem a base para a autodisciplina emocional. Supondo que você trabalha na sua AMP há algum tempo, é hora de examinar algumas outras formas de autodisciplina mental.

Para fazer isso, examinaremos o que Napoleon Hill identificava como as catorze maiores emoções que surgem em todos nós quando encontramos o estímulo apropriado:

Emoções positivas	Emoções negativas
a. Amor	a. Ódio
b. Sexo	b. Inveja
c. Esperança	c. Medo
d. Lealdade	d. Vingança
e. Entusiasmo	e. Raiva
f. Fé	f. Superstição
g. Desejo	g. Ambição

Mexi na ordem da lista de Hill para apontar umas conexões óbvias entre certas emoções. Qualquer emoção pode acabar se tornando o seu oposto. Isso é tão bom quanto ruim. Ruim porque emoções positivas indisciplinadas podem se transformar em algo feio. Bom porque você tem o poder de transformar uma reação emocional negativa em algo útil e benéfico.

Não há nada de errado em vivenciar alguma dessas emoções. Todos nós ficamos irritados ou assustados, ou sentimos uma pontada de inveja ou ódio. Se você sente uma emoção negativa, é muito importante não a negar ou repreender. Ela apenas chafurdará na sua mente e ficará mais forte. As emoções positivas devem também ser reconhecidas pelo que são.

A autodisciplina emocional requer duas coisas de você: reconhecimento e assertividade. Você tem que começar com o reconhecimento. Exercer controle é impossível se você não sabe o que está tentando controlar. Portanto, quando aparecer uma emoção, não a suprima logo de cara. Dê-lhe um nome, sem fazer um julgamento sobre ela. Se está vivenciando emoções conflitantes, o que é uma possibilidade real, quanto antes você admitir que sente uma, mais cedo será capaz de identificar o outro sentimento também.

Talvez seja muito óbvio para você o motivo pelo qual está se sentindo de certa maneira. Algumas emoções são acionadas por eventos ou relacionamentos conhecidos. Mas todos nós temos a tendência de evitar admitir a existência ou a causa de alguns estados emocionais porque outra emoção entra em ação: o medo.

Admitir que você tem certos sentimentos pode ser assustador porque isso sugere que você não está no controle das suas emoções. Uma paixão física por alguém que, por qualquer motivo, não é uma escolha apropriada é um bom exemplo disso. Pode ser muito perturbador sentir-se atraído por alguém que está fora de cogitação, e isso pode logo levá-lo a questionar sua sabedoria, sua bondade ou até mesmo sua sanidade. Em resposta a uma ameaça como essa, você talvez seja tentado a enterrar seus sentimentos sexuais debaixo do medo. Você chega a fortalecer o medo para combater o desejo sexual. Quaisquer que sejam as outras emoções que você sente pela pessoa que o atrai, você deixa o medo tornar-se o estado dominante. Mas o reconhecimento que você faz das emoções não pode fazer julgamento, inicialmente. Do contrário, você não será capaz de obter uma impressão precisa de como está se sentindo. E sem esse reconhecimento, não pode passar para o próximo passo: a assertividade.

A assertividade começa no ponto em que você escolhe agir baseado no seu estado emocional. Isso se aplica a qualquer uma das emoções, positivas ou negativas. Você pode fazer diversas escolhas úteis nesse contexto:

1. Pode escolher agir na emoção de modo reflexivo e comedido.
2. Pode escolher adaptar sua resposta emocional antes de agir.
3. Pode escolher esperar para fazer os dois.

Pensando de maneira ampla, é melhor você escolher a número 1 para as emoções positivas e a 2 para as emoções negativas. Mas é muito fácil imaginar exceções para ambos os casos. No que tange a agir, lembre-se de que emoções como amor e sexo são poderosas, e passamos todo um capítulo aprendendo os prós e os contras do entusiasmo. De modo similar, às vezes pode ser essencial reconhecer e agir nas emoções negativas. O medo pode nos restringir, mas pode também impedir que você entre num beco escuro. A raiva é uma resposta apropriada para algumas situações, contanto que o modo como você demonstra essa raiva não seja excessivo.

Adaptar sua resposta emocional também requer consideração cuidadosa. Você precisa ter confiança na sua habilidade de canalizar suas emoções para novos caminhos. Isso requer prática e autoconhecimento. Não podemos desconsiderar um sentimento totalmente apropriado. E é preciso ter certeza de que você está realmente mudando sua resposta, não apenas a escondendo de si mesmo.

Quanto à escolha número 3, não se trata de um ato de repressão; é um ato de ponderação que você faz com base no entendimento da sua capacidade de alcançar as duas escolhas mencionadas. Você não está evitando um assunto delicado; está dando a si mesmo tempo para ganhar perspectiva. Emoções poderosas podem às vezes ser extremamente temporárias. Elas podem ser acionadas por associações que têm pouco a ver com a questão do momento. Mas você não deve usar essa escolha como um mecanismo para evitar decidir. Você deve usar a primeira oportunidade para examinar seus sentimentos e suas fontes.

A EMOÇÃO CONSIDERADA

Exercitar autodisciplina quando se trata de emoções positivas pode parecer uma atitude fria e calculada, mas, na verdade, uma emoção que é expressa conscientemente e com reflexão recebe sua melhor e mais verdadeira expressão. Você pode se comprometer com ela sem hesitação quando souber que quer agir sobre a emoção e souber como fazer isso do melhor jeito.

O amor é a emoção que muitas pessoas acham que é contida mais do que deveria. É comum ouvir as pessoas lamentarem que as palavras "eu amo você" não sejam ditas o suficiente neste mundo. Esse ponto específico é uma verdade, mas há uma verdade mais importante: o amor é mais significativo quando é totalmente reconhecido e expresso deliberadamente.

Isso não é o mesmo que dizer que expressões impulsivas de emoções estão deslocadas numa mente autodisciplinada. Você pode sentir vontade de abraçar alguém, contar-lhe uma piada ou fazer uma oração, e então agir segundo essa vontade. Quando você já começou a exercitar a autodisciplina, sabe, num átimo de segundo, se a vontade que sentiu é aquela sobre a qual deve agir. Na verdade, porque você ganha tanto autoconhecimento por forçar a autodisciplina, é possível que se encontre se sentindo mais livre para ser mais expressivo.

Como, então, você sabe quando sua resposta emocional deve ser traduzida em ação, e como você escolhe essa ação? A clareza emocional deriva da autodisciplina. Você entenderá o que está sentindo e por quê. Estará, então, em condições para se questionar o seguinte:

1. Minha expressão é bem-vinda?
2. Ela transmite o que quero que transmita?
3. Ela vai me ajudar?

Embora seja apropriado, às vezes, expressar uma emoção que é contrária ao que outras pessoas estão fazendo e pensando, você precisa tomar essa decisão com ciência total da reação que ela causará. Um abraço pode constranger alguém que não é tão fisicamente expressivo quanto você. Dar risada pode fazer outras pessoas acharem que você não é uma pessoa séria.

Se realmente escolher dar uma expressão que não é bem-vinda, você precisa se certificar de acertar o segundo ponto. Talvez o riso vá chocar alguém, mas pode fazer com que ele preste atenção a algo que antes ignorava. Uma expressão de preocupação com uma ideia ou comportamento pode ser muito mal recebida, mas, se transmitir um ponto importante, pode valer a pena. Contudo, se você tiver a sensação de que não conseguirá transmitir seu ponto de vista, é melhor recuar. Você pode escolher um meio mais eficiente de expressar seus sentimentos em outra questão.

Quanto a se ajudar, há muitas vantagens a se ganhar com a expressão de um sentimento. Você pode simplesmente obter a satisfação de mostrar a alguém como você se sente. Pode promover sua programação rumo à obtenção do seu objetivo. Pode resolver ambiguidades nos negócios, bem como em relações pessoais. Ter uma noção clara de para onde você vai e o que quer alcançar é essencial para exercitar autodisciplina aqui. Você simplesmente não deve tomar uma decisão sem ter ideia de como avaliar o que vai acontecer. Se fizer isso, não saberá se alguma possível reação ruim vale os possíveis ganhos. Você nem será capaz de saber se uma reação é boa ou má para você. E você pode se perguntar por que faria uma escolha que não o ajudou...

... porque ajudou outra pessoa.

Essa pessoa pode ser seu filho ou esposa, um colega ou um estranho na rua. Você pode fazer algo que não tem a menor chance de lhe ser recompensador, contanto que saiba que será benéfico para alguém que precisa.

A questão aqui é que uma resposta considerada para uma emoção é sempre válida. Quando você adotar essa estratégia, verá a si mesmo mais sintonizado com seus sentimentos. Aprenderá a entendê-los melhor e ter a confiança de que você os está expressando de maneiras que são boas e úteis. A autodisciplina realmente o define com mais clareza quanto à pessoa que você quer se tornar.

> *A questão aqui é que uma resposta considerada para uma emoção é sempre válida.*

AÇÕES QUE FALAM

Outra área em que a autodisciplina é importante é sua atividade diária. Quando você está tomando decisões relacionadas ao trabalho e às suas responsabilidades, é necessário que essas decisões produzam resultados efetivos. Quando aplicar a autodisciplina na sua rotina, ela fará de você mais capaz, mais construtivo e mais bem-sucedido na busca pelas suas metas de curto e longo prazo.

Todos nós apreciamos algumas partes da nossa rotina mais do que outras. Existe uma tendência natural a favorecer ações que são agradáveis sobre aquelas que parecem mais com afazeres. Você pode gostar de fazer uma venda, mas preencher um formulário de relatório é uma chatice. O tempo que você aproveita conversando com seus filhos passa voando, mas conferir a lição de casa deles é bem tedioso.

Tudo bem. Você é humano. Não há nada de errado em se sentir assim. Entretanto, se deixar seus sentimentos controlarem as suas ações, você estará em apuros. O trabalho que você procrastina não acaba jamais. Uma pilha de relatórios incompletos intimida muito mais do que um formulário só, principalmente quando o seu chefe está cobrando tudo isso aos berros.

A chave, claro, é fazer dos trabalhos que não são interessantes algo que você faz automaticamente. Um relatório é escrito assim que tiver toda informação de que precisa. Uma autodisciplina forte, em geral, resume-se a exercer uma quantia extra, porém pequena, de controle num momento crucial. Há diversas maneiras fáceis de fazer isso.

Estrutura. Organize as suas atividades de modo que algo de que você não gosta seja imediatamente seguido por uma atividade que você aprecia. Um relatório de vendas completo pode lhe dar permissão para passar a uma nova ligação de vendas. Você pode ser criativo com isso. Apenas garanta que a recompensa seja algo positivo e útil.

Talvez você tenha organizado sua rotina de maneira oposta à que sugeri. É comum começar o dia com coisas que você aprecia e empurrar todas as tarefas desagradáveis para o final, na esperança de que o dia fique cheio, dando-lhe uma desculpa para evitar a parte chata. Alterar seus padrões de trabalho usuais pode parecer perturbador inicialmente, mas, se perseverar por alguns dias, você começará a se sentir mais no controle. Você apreciará não ter algo pendente na sua mente o tempo todo. Enquanto uma pilha de relatórios aguarda na sua mesa como uma reprimenda silenciosa, um arquivo cheio de relatórios completos pode tornar-se um sinal de produtividade.

Fazer esses pequenos ajustes ficará mais fácil conforme você fortalecer sua autodisciplina. Enquanto ela ainda for nova e tenra, no entanto, você pode usar uma técnica com a qual já esteja familiarizado.

Fagulhas. Uma fagulha é o mesmo que um gatilho ou uma afirmação. É uma palavra ou uma frase em que você investe significado. Você pensa na palavra ou a fala quando se sente tentado a evitar algo que deve ser feito, e ela lhe dá o empurrão de que você precisa para se aplicar.

Uma fagulha óbvia é a frase de Napoleon Hill: "Faça agora!". Essa é direta, poderosa e serve para praticamente qualquer circunstância. Conforme você identificar áreas em que sinta necessidade de aplicar a autodisciplina, pode criar fagulhas próprias. Que sejam curtas. E que demandem ação. Você não precisará contar a ninguém o que são elas, por isso, pode fazer algo totalmente pessoal. Aqui está uma lista de fagulhas pensadas para lhe dar um pouco de inspiração para as suas escolhas:

Fagulhas	Propósito
Mais dez minutos!	Ótima para concluir uma tarefa.
Sorria!	Mantém você bem-humorado.
Escute e aprenda!	Foca sua mente quando algo o aborrece.
Pronto e feito!	Outro empurrão para concluir alguma coisa
Ganhei!	Lembra-o de quanto você ganha.
É minha escolha!	Foca sua atenção no fato de que você está fazendo algo que é necessário.
Mais saudável e feliz!	Bom para resistir à vontade de fazer mal a si mesmo comendo ou bebendo demais, ou fumando.

Palavras ou frases que têm função dupla para você são sempre potentes.

Você pode criar fagulhas que sirvam para quase qualquer necessidade. Quão maior for a frequência com que você as use, mais forte elas serão. Algumas das afirmações e dos gatilhos que você já selecionou podem funcionar muito bem como fagulhas. Palavras ou frases que têm função dupla para você são sempre potentes.

A maior parte do tempo, quando puser em ordem os detalhes pequenos, você perceberá que o todo começará a se resolver por conta própria. Isso ocorre porque a autodisciplina é um hábito. Dê-lhe um pouco de espaço na sua vida, e a autodisciplina se expandirá para todas as áreas. O mesmo vale para o hábito de evitar. Se você descobrir que está se esquivando de algo que precisa ser feito, aja rápido para cortar esse novo hábito pela raiz. Não podemos nos transmitir a mensagem de que está tudo bem negligenciar responsabilidades. Faça da ação determinada um hábito, e isso simplifica sua vida.

Faça da ação determinada um hábito, e isso simplificará a sua vida.

A PESSOA INTEGRADA

A autodisciplina lhe garante que trabalhe nas coisas que você resolveu que são importantes. Ela o prepara para novas oportunidades, ajuda-o a superar os obstáculos do dia e lhe dá paz de espírito. A autodisciplina é muito mais do que dizer não para mais uma garfada de macarrão. É criar comportamentos que tornam possíveis as coisas que você valoriza na vida.

De certo modo, a autodisciplina envolve tudo que entra nos princípios de sucesso de Napoleon Hill. Uma vez que você entender que

Revelando o maior segredo de Napoleon Hill

pode direcionar seus pensamentos e emoções usando a única coisa que pode controlar – sua mente – para direcionar as suas ações, será muito mais fácil.

Comece pequeno, se for preciso. Escolha a coisa mais simples que você tende a evitar, e dê-se alguns dias para entender quanto poder obterá ao ganhar controle sobre esse detalhe desagradável. A chance para seguir para algo mais importante o estará esperando assim que você entender do que é capaz.

E se você tropeçar, não se desespere. Comece de novo. A lembrança de um contratempo menor pode ser tudo de que você precisará para se firmar melhor na próxima vez. Você não está criando a perfeição. Você está construindo o mundo em que quer viver, um passo por vez.

> *Você está construindo o mundo em que quer viver, um passo por vez.*

CAPÍTULO 8

ASSUMINDO ALGUNS RISCOS

Estender-se para novos territórios, nos quais você precisará de novas habilidades e novas ideias, e nos quais as recompensas serão visíveis, porém incertas, significa abrir-se para a derrota. Pode significar perder dinheiro, prestígio, liberdade e poder. Não é fácil.

Mas é essencial.

Você já assumiu alguns riscos. Apenas ao ler este livro – mesmo que não tenha tomado atitude alguma com relação ao que leu –, você se arriscou se expondo a novas ideias que o farão pensar de modo diferente. Você não verá mais a si mesmo, e o que é capaz de realizar, do mesmo jeito. Não ficará mais satisfeito com o *status quo*. Você vai querer mudar as coisas e tentar novas maneiras de pensar.

E as mudanças o expõem a perturbações e contratempos. Outras pessoas talvez riam ou zombem de você. Uma situação que parecia tranquila agora vai parecer confinante e decepcionante.

Mas o risco traz recompensas.

Se você já começou a aplicar o que aprendeu com este livro, já está mais positivo e confiante. Tem um novo senso de responsabilidades, bem como uma meta que já definiu, e criou um plano para alcançá-la. Só essas coisas fazem a vida mais empolgante e recompensadora, ainda que não tenha alcançado o primeiro item do seu plano para o sucesso.

Mas a maior recompensa – seu propósito maior – demandará mais riscos. Alcançá-la demandará que você enfrente terreno perigoso, fique vulnerável e supere derrotas. Ninguém jamais alcança o que quer na vida sem assumir uns riscos – e ninguém vence todas as vezes.

Contudo, há maneiras de virar as chances a seu favor. Você não vai precisar trapacear. A única coisa que tem de fazer é entender as regras da casa quando for assumir riscos. E, nesse caso, a casa não é um cassino de Las Vegas. É o próprio universo.

Sim, existem regras para fazer as suas apostas na vida e regras que governam os resultados que você levará para casa. Elas não são definidas tão bem quanto as regras de uma mesa de *blackjack*, mas, pensando bem, também não são definidas para favorecer a casa. As regras do universo são justas. Elas funcionam, você as conhecendo ou não. Mas, com o conhecimento acerca de como elas funcionam, você pode usá-las para colocar suas apostas na mesa certa, na hora certa.

CONSISTÊNCIA CÓSMICA

Em que tipo de mundo vivemos?

Se você parar numa esquina de uma grande cidade e fizer essa pergunta às pessoas que estão passando por ali, é provável que obtenha respostas tão diversas quanto o número de vezes que fizer a pergunta. A maioria das respostas será afetada pelo que vem acontecendo com quem responde. As ideias das pessoas refletirão frustração e esperança, bem como otimismo e desespero. As pessoas se atrapalharão para dar respostas falando de economia, expressar preocupação com guerras e conflitos étnicos ou uma consideração acerca do meio ambiente. É provável que alguém resmungue algo sobre a mídia e faça umas reclamações sobre a política. Um fã inveterado de esporte o atualizará acerca dos jogos e das chances para o ano que vem.

Mas vamos supor que eu passe por ali e você faça essa pergunta para mim.

Vou olhar bem nos seus olhos, vou sorrir e dizer algo que aprendi com os ensinamentos de Napoleon Hill: "Nós vivemos num mundo no qual todas as ações não têm somente uma reação, mas ecos infinitos. Vivemos num mundo que nós mesmos moldamos com os nossos pensamentos e as nossas atitudes. Podemos fazer dele um lugar sombrio e sem esperança, ou um lugar cheio de surpresas maravilhosas e grandes recompensas. O universo nos dá aquilo que nos preparamos para receber dele".

Você pode se preparar para receber as coisas que quer do mundo? Sim, pode, sim. Mude a si mesmo, altere o seu pensar e você começará a mudar sua vida e o mundo. Isso acontece por causa do jeito como a sua mente funciona e por causa da própria natureza do mundo.

Vou tentar lhe demonstrar a natureza do nosso mundo, conforme visionada por Napoleon Hill. Essas ideias podem lhe soar meio religiosas, mas, qualquer que seja sua fé, elas não estão em conflito com os princípios fundamentais da sua religião. Todas as grandes religiões partilham uma compreensão da natureza deste mundo. É isso que lhes confere o apelo às massas. Existem diferenças em muitas questões, mas nenhuma maior acerca do papel que cada um de nós exerce em moldar a própria vida. E se você é agnóstico ou ateu, deixe-me garantir que esta discussão não será centrada em um Ser Supremo no qual você tem que acreditar.

A compreensão científica das forças que governam o Universo é incompleta e está em evolução. Existem grandes modelos e teorias que os físicos batalham para provar. A descoberta de uma nova partícula aqui ou a prova de uma nova força ali continuarão por décadas, se não por séculos.

Revelando o maior segredo de Napoleon Hill

Mas a ciência, toda ciência, baseia-se na crença de que o mundo opera de modo consistente. As regras que governam o comportamento dos *quarks* são as mesmas em Chicago e em Bora Bora, na Terra e em Saturno. O movimento dos planetas em torno do Sol não se altera de quarta para quinta-feira ou para de vez em anos de número ímpar. A ciência nos diz que as forças que determinam o movimento e as propriedades das partículas subatômicas, bem como dos planetas, são sempre as mesmas.

Essa ideia é o que torna possível a ciência. Ela jaz na raiz do método científico de testar e testar de novo, obtendo resultados repetíveis em experimentos para provar que uma suposta causa leva a dado efeito. Nem sempre foi assim que as pessoas entenderam o Universo. Culturas antigas acreditavam que os deuses moviam o Sol, geravam as estações e faziam fluir os rios. Apolo podia passar com sua carruagem de Sol mais perto da Terra e chamuscar o solo. Agora, mesmo aqueles que têm crença duradoura num criador entendem que a operação do mundo, seus mecanismos, é ordenada.

Isso não diminui o espanto que sentimos com um lindo pôr-do-sol ou quando estamos na praia admirando o poder do oceano. Entendemos que existem forças maiores em ação, e, embora a percepção humana de como todas essas forças interagem ainda seja vaga, sabemos que a cor do céu e o ritmo das ondas são resultado de uma estrutura consistente.

Napoleon Hill chamava essa estrutura de *Inteligência Infinita*; infinita porque abrange o Universo inteiro, e inteligência porque foi construída de modo tão intrincado e preciso que lhe parecia representar uma ciência profunda, ou seja, uma ordem unificadora do cosmos.

UMA VISÃO DE MUNDO CONSISTENTE

Foque na ideia da ordem cósmica. Dá para ver que o mundo físico se comporta de maneira consistente. A Lua não vira do nada para a Terra. Você não acorda, de manhã, se perguntando se o sol já nasceu, se a gasolina continua entrando em combustão dentro dos cilindros dos motores dos carros, ou se 3 + 3 ainda são 6. Essas coisas são constantes e não mudam.

Essa compreensão simples é tudo de que você precisa para ver que existe um padrão duradouro e coerente no mundo e como ele opera. Aqui estamos tocando a Força Cósmica do Hábito, a última lei descoberta por Napoleon Hill, que será comentada mais para a frente neste livro.

Como, então, essa ideia de uma Inteligência Infinita o afeta e afeta o seu desejo de ter sucesso na vida?

Você pode usar essa Inteligência Infinita em sua vantagem para manipular as forças do mundo – de maneiras consistentes com como elas sempre operam – a fim de alcançar as suas metas. Muito simplesmente, a estrutura do universo em si é uma ferramenta que você pode aplicar à sua busca pelo seu propósito maior.

Isso vale tanto se você for engenheiro ou cientista, advogado ou dona de casa, ou representante de vendas ou artista. E não estou falando de usar um acelerador de partículas ou concreto reforçado. Estou falando de usar a Inteligência Infinita para mudá-lo e mudar o que você é capaz de realizar. Entenda como funciona a Inteligência Infinita e você saberá quando estará pronto para assumir os riscos necessários.

FÉ APLICADA

Quando você aceita que o universo opera consistentemente, o passo seguinte é perceber com que frequência você faz escolhas supondo que ele continuará assim. Os atletas fazem isso ao treinar. Eles se forçam a fazer esforço maior a cada dia, sabendo que o exercício repetido aumentará as habilidades e a resistência deles. Talvez eles não o expressem exatamente nessas palavras, mas apostam tudo na ideia de que o que funcionou para eles continuará funcionando. Se resolvessem acrescentar algo diferente no treino, por exemplo, um alongamento novo, eles ainda acreditariam nos resultados de suas ações. O treino os prepara para fazer coisas novas, alcançar metas novas e obter novos recordes.

Para ficar pronto para assumir os riscos necessários, você deve entender como esteve se treinando com a fé na Inteligência Infinita. Pense em si mesmo como um atleta. Seu treino foi mental, não físico, mas você andou tonificando sua mente. Você a turbinou com a AMP e a alongou com o entusiasmo. Andou trabalhando com outras pessoas no seu grupo de MasterMind, testou suas habilidades e aprendeu novas jogadas. Aprender com as derrotas o ajudou a focar em pensar e observar de modo concentrado, portanto, você está com a mente afiada e resiliente.

Contudo, como para um atleta, todo o treino do mundo é inútil se você não entrar numa competição. Enquanto os esportistas estão lá competindo com os melhores atletas do mundo, a sua competição é só com você mesmo. Você está tentando ser melhor e ir mais longe do que a pessoa que comprou este livro por estar insatisfeito com certos aspectos da vida. Você não tem que superar o desempenho de mais ninguém, somente o seu. E então, quando tiver estabelecido um novo recorde pessoal, estará pronto para se treinar para se sair ainda melhor.

Um dado importante acerca da fé aplicada é que, embora ela dependa de otimismo e determinação, também age dentro da estrutura da Inteligência Infinita. A fé aplicada não significa que qualquer coisa que você queira ou de que precise é possível simplesmente porque você quer ou dela precisa. Significa que você pode alcançar as coisas que se prepara para alcançar. Você não pode supor que a fé aplicada torna possível algo que você simplesmente não está pronto para receber. Se precisa de dinheiro para o seu plano, não o obterá simplesmente tendo fé. Você arranjará esse dinheiro, no entanto, se se treinar para obtê-lo.

Digamos que você precisa de algum dinheiro – 10 mil é uma quantia boa. Há diversas maneiras de arranjar essa soma. Uma pessoa que não tem fé aplicada talvez jogue na loteria ou comece a procurar uma sacola cheia de notas na rua. Embora seja bem pequena a chance de isso dar certo, as pessoas costumam ser bem assim sem rumo.

Porém, com a fé aplicada, você poderia tentar um empréstimo no banco. Pegaria um formulário, preencheria e forneceria todos os documentos necessários para provar que você é um risco que vale a pena o banco assumir. E se o banco discordasse de você, tentaria outros meios. Outro banco, uma segunda hipoteca, tirar dinheiro da poupança ou pegar emprestado com um parente ou amigo. Você estaria lá fora, tentando, agindo segundo a suposição de que existe um jeito honesto, justo, de obter dinheiro. E não pararia de tentar até dar certo.

Em meio a todo esse esforço, a sua mente estaria positiva, e seu humor, entusiasmado. Talvez você ouvisse "não" diversas vezes, até muitas vezes, mas não desistiria. Ao longo do caminho, talvez aprendesse algumas coisas sobre por que as pessoas estão relutantes em lhe emprestar dinheiro, e começaria a corrigir essas fraquezas. Fazer mudanças como essas seria apenas mais uma maneira de se preparar para o dinheiro.

Manter a mente na melhor condição mental para aplicar os poderes da Inteligência Infinita é, como o treino do atleta, algo que requer esforço regular e consciente. Mas, como uma criança que dá o primeiro passo hesitante anos antes de voltar para casa como campeã olímpica, você pode começar a fazer sua mente entrar em forma. Não é preciso nenhum equipamento especial. Você não precisa acordar de madrugada e correr cinco quilômetros. Você só precisa começar a se forçar, deliberada e repetidamente, a fazer mais do que fez no passado.

> *Você só precisa começar a se forçar, deliberada e repetidamente, a fazer mais do que fez no passado.*

ALONGANDO-SE

Você sabe em que ponto estava se contendo. Todos temos áreas nas quais temos menos certeza de nós mesmos. Alguns ficam nervosos por causa de dinheiro, outros se preocupam com independência. Enquanto uma pessoa teme ser envergonhada, outra se sente desconfortável quando chama a atenção. Mas é precisamente nessas áreas em que se sente menos confortável que você precisa começar a usar a fé aplicada. Lembre-se de que agir com a fé aplicada significa preparar-se primeiro. Se você tem vergonha de falar em público, não se coloque diante de uma plateia amanhã. O melhor é começar com passos pequenos. O importante é começar.

Tomemos o exemplo de medo de falar em público. Segundo muitas pesquisas, é um medo muito comum. Eis algumas sugestões de como você pode se preparar para assumir o risco de fazer um discurso, o que pode lhe mostrar como se preparar para assumir qualquer risco.

Você tem duas semanas para se preparar para falar a um grupo de cinquenta pessoas no trabalho. Nesse momento, essa ideia dá um nó no seu estômago. Comece se perguntando se você teria dificuldade de falar para cinco pessoas sentadas em torno da mesa. Provavelmente não; você já fez isso antes. O cenário informal é sempre menos intimidador, mesmo se você estiver falando com estranhos. Mas é importante perceber isso. Você já falou para um pequeno grupo e se saiu bem. Portanto, o tamanho da sua plateia é parte do que o preocupa.

Agora pergunte a si mesmo por que cinquenta pessoas dão mais medo do que cinco. Você se sente inseguro com relação ao que vai falar? Acha que eles serão hostis com relação aos seus pontos de vista? Receia que eles acharão que você é um boboca ou um burro? É nesse ponto que a autodisciplina é útil. Se conseguir identificar suas respostas emocionais, você terá uma noção mais clara de com que precisa lidar.

Suponhamos que você descubra que acredita que vai falhar devido à falta de preparação. Você se lembra das aulas de discurso na escola, que você nunca gostou dos assuntos que lhe atribuíam, que escreveu os discursos no ônibus da escola, na manhã do dia da apresentação, e que pulou uma página e todo mundo riu, e que você levou bronca da professora por não estar preparado.

Agora estamos progredindo. Você acha que está fadado a falhar porque não estará preparado e cometerá erros.

Mas eis a verdade: você pode estar preparado, e pode impedir que ocorram erros.

O primeiro passo é começar sua apresentação agora mesmo. Não tente fazer o discurso mais engraçado que todos já ouviram. Apenas se foque em colocar por escrito tudo que você precisa dizer. Dê a si mesmo tempo para revisar e checar os dados. Você pode imprimir o discurso em letras grandes. Sim, algumas pessoas falam com mais eficiência usando cartões com notas. Mas, como você é marinheiro de primeira viagem, é bom acertar bem os detalhes.

Agora comece a praticar. Filme seu discurso e ouça o ritmo da sua voz, e, se perceber que tende a se apressar, coloque espaços a mais no texto apenas para desacelerar a leitura. Talvez você descubra algumas frases que parecem bonitas no papel mas não soam tão bem quando ditas em voz alta. Pode mudar essas frases. Pode quebrá-las em frases menores e se livrar de palavras nas quais você tropeça.

Um dia, você fica até mais tarde no trabalho e vai até a sala na qual vai palestrar. Pratica seu discurso ali na sala vazia, apenas ouvindo o som da sua voz. Põe seu casaco numa cadeira e a bolsa na outra. Enquanto fala, nem sempre olha para os papéis. Você ergue o rosto a cada vez que lê uma frase e foca o olhar numa das cadeiras que marcou.

A essa altura, você já sabe muito bem o seu discurso. Ele só dura quatro minutos. Você resolve tentar falar só de cabeça. Embora não acerte todas as palavras, quando sua memória falha, você ainda sabe o que quer expressar e transmite sua ideia.

Até que chega o dia do discurso. Você se turbina com a AMP. Não está lá muito entusiasmado, mas está calmo. Vai até a frente da sala e começa. A prática dá resultado. Você faz contato visual com a plateia, transmite todos os seus pontos e, embora tenha que olhar para o discurso algumas vezes, ninguém que está ouvindo repara nisso nem liga quando repara.

Quando você termina, ninguém aplaude. Mas ninguém vaia. A reunião ocorre como deveria.

E quando acaba, quem sabe você até se voluntarie para fazer isso de novo na próxima vez!

É exatamente assim que funciona usar a fé aplicada. Você começa decidindo que vai se sair bem numa tarefa. Em seguida, avalia todos os obstáculos no caminho e começa a acessá-los metodicamente. Depois, devota tempo e esforço. A fé aplicada depende da AMP. E você permanece com a vontade de continuar trabalhando até mesmo depois que a meta imediata foi alcançada.

A fé aplicada cria resultados no mundo físico, mas ela começa a trabalhar na sua mente. É ali que a fé aplicada começa a fazer mudanças nos seus pensamentos e comportamentos que o preparam para os resultados de que você precisa. Não há nada de místico nesse processo, mas ele pode, às vezes, alcançar mais do que você espera. Enquanto você se concentra num alvo, se prepara para algo maior e mais benéfico do qual você talvez nem perceba que precisa.

Eleanor Roosevelt começou a fazer aparições públicas pelo marido, Franklin, depois que ele contraiu poliomielite. Ela não gostava de fazer discursos em clubes de política, e não era a palestrante mais agradável, do ponto de vista físico. Era uma mulher simples, de voz esganiçada. Mas sabia que falar em público era importante para o futuro político de Franklin e, tão importante quanto, para que ele entendesse que a doença não seria o fim da vida pública dele. Então ela trabalhou duro e ganhou certa medida de fama que era incomum para uma mulher nessa época.

Claro que Franklin retomou a carreira política e foi eleito presidente dos Estados Unidos quatro vezes. Vista pelo público de modo inteiramente novo, Eleanor descobriu que tinha uma tremenda oportunidade que jamais esperara. Ela passou a defender trabalhadores, mulheres e crianças, e se manifestava sobre questões de saúde pública e direitos civis. Seus pontos de vista, às vezes, entravam em conflito com os da administração do marido dela, e ela, às vezes, fazia o papel de incitar o governo a fazer mais pelas pessoas que vinha ignorando. Após a morte de Franklin, ao contrário de todas as primeiras-damas anteriores, ela permaneceu no meio público, atuando como embaixadora dos Estados Unidos nas Nações Unidas.

Eleanor Roosevelt não planejara tornar-se uma figura tão proeminente nos dias em que começou a treinar para os discursos. Ela não fazia ideia de aonde esse caminho a levaria. Mas foi presenteada com uma oportunidade incrível, e quando esta chegou, ela estava preparada para tomá-la e fazer mais coisas.

Ao contrário de Eleanor, você tem um plano. Suas ambições lhe pertencem. Mas a fé aplicada ainda pode ajudá-lo; pode prepará-lo para desafios, tanto positivos quanto negativos, que você nem sabe que enfrentará. Lidar com uma coisa pequena pode prepará-lo para algo muito maior, revelando habilidades das quais você nem tinha ciência, abrindo portas que você nunca notou e acessando uma força pessoal que você tinha subestimado.

> *Lidar com uma coisa pequena pode prepará-lo para algo muito maior.*

O LADO SOMBRIO

A fé aplicada também tem um lado perturbador. Basicamente, se a sua fé se fixa em resultados negativos, ela vai prepará-lo para eles. Seu trabalho produzirá frustração, más notícias se acumularão mais rápido do que você pode digeri-las, e você entristecerá sua vida.

Esse é um motivo pelo qual é importante manter a AMP. A AMP deixa pouco espaço na sua mente para a fé nos resultados negativos. É por esse motivo também que você deve mesmo tentar entender as causas dos obstáculos que enfrenta. Talvez você tenha se preparado para o desapontamento, e, se for o caso, precisa dispensar essas ordens rapidamente.

"Mantenho o telefone da minha mente livre para paz, harmonia, saúde, amor e abundância", escreveu a inspiradora autora Edith Armstrong. "Então, sempre que dúvida, ansiedade ou medo tentam me ligar, eles só pegam o telefone ocupado – e logo eles esquecem o número."

Essa é uma ótima metáfora de como manter sua mente positiva. Mas, às vezes, como as baratas, medo e dúvida entram por uma rachadura que é tão pequena que nem reparamos que existe.

Don M. Green

Napoleon Hill identificou sete medos que atacam a todos de vez em quando. Esses medos são mais prejudiciais quando limitam sua crença naquilo que você pode fazer. Basta um passo para eles começarem a limitar as suas ações, o que leva, inevitavelmente, à decepção.

Os sete medos serão explicados em seguida.

Medo da pobreza

Esse medo tem dois aspectos. Algumas pessoas colocam toda a fé no simples acúmulo de dinheiro. Nada mais vale a pena para elas, por isso dão pouco valor a todo o resto. Elas não farão nada que não lhes garanta lucro, e, assim, param de assumir riscos e param de se desafiar, e acabam estagnadas. Em geral, acabam sozinhas.

Outras pessoas são tão sobrepujadas por esse medo que nunca conseguem agir de modo que lhes traga lucros. O dinheiro, elas pensam, sempre será curto, então, planejar um orçamento é perda de tempo. Mesmo trabalhando duro, elas acham que sempre terão pouco dinheiro, então não ligam para trabalhar muito. Elas não têm ambição porque nem enxergam o motivo para tanto. Em geral, estão sempre pobres.

Se você suspeitar que esse medo o está restringindo, confronte-o. Desenvolva afirmações e fagulhas que ataquem esse medo diretamente. Sempre que você recuar ao fazer alguma coisa, desafie-se. Pergunte a si mesmo se você não está com medo de que o sucesso seja impossível. E depois comece a turbinar AMP e entusiasmo.

Medo de críticas

Pode ser muito difícil conviver com as pessoas dominadas por esse medo. Elas costumam tentar evitar um golpe em seu próprio ego ao criticar livremente os outros. Mas o medo pode se manifestar de outras maneiras: você está sempre pronto para saber qual é a tendência mais recente? Preferiria morrer a ser visto usando algo que era moda no ano anterior?

O medo da crítica pode abocanhar tremendas quantias de boa vontade e dinheiro. E, como o medo da pobreza, pode ser um grande impedimento para você alcançar as suas ambições. Para que assumir um risco se você teme ser humilhado caso fracasse? Para que buscar o seu propósito maior se as outras pessoas acham que é algo inapropriado ou que está fora de alcance?

> *Deleite-se positivamente no seu amor por aquilo que você quer se tornar.*

Para quê?

A resposta: porque você realmente quer algo diferente.

Para combater esse medo, concentre-se na sua afirmação de propósito. Deleite-se positivamente no seu amor por aquilo que você quer se tornar. Qualquer possível crítica empalidecerá quando sua atenção estiver focada em algo que você sabe que é realmente importante.

Medo de doença

Esse medo literalmente o deixa doente. Se você se concentrar na possibilidade de não estar bem, você começará a se sentir mal, se não por outro motivo, por causa do nervoso da ansiedade. E talvez comece a manifestar os sintomas que receia vivenciar.

O medo da doença pode ter raízes num episódio de adoecimento ou apenas no medo do que a doença pode trazer. Se você realmente esteve doente e não consegue se livrar do medo de que a doença volte, talvez seja melhor fazer terapia. Mas eu também sugeriria que você focasse sua mente no fato de que está bem de novo. Você derrotou a doença.

Se você está bem, mas se incomoda com qualquer dorzinha ou vermelhidão, pergunte-se quando foi o momento em que esteve mesmo doente. Faça uma lista de todas as pequenas dores que teve, e logo constatará que nenhuma delas passava de um músculo distendido ou verruga.

Em ambos os casos, escolha umas afirmações que criem e reforcem uma sensação de boa saúde. Enfraqueça esse medo, e o domínio dele vai ceder. Você começará a se sentir melhor, e esse medo terá poucas oportunidades de dominá-lo.

Medo de perder o amor

Esse medo é similar ao medo da crítica, mas mais nítido. Podemos temer a crítica vinda de qualquer um, mas o círculo daqueles cujo amor não suportaremos perder é muito menor. A raiz desse medo é uma autoimagem ruim.

Em geral, as pessoas que sofrem com esse medo concluíram que existe uma qualidade específica que as torna detestáveis. Elas se fixam no peso ou na aparência, na habilidade de ganhar dinheiro ou no senso de humor. E então apostam tudo que têm nessa qualidade. Nada mais importa exceto ser magra, bela, rica ou engraçada.

E a verdade é que esse é o jeito mais rápido de fazer de você alguém que não se pode amar. Ninguém o ama por uma coisa só. As pessoas amam em 3D; não amam uma criatura unidimensional que passa todo o tempo fazendo apenas uma coisa.

Se você acha que talvez esteja se limitando desse jeito, eis uma maneira de combater isso e fortalecer o seu relacionamento ao mesmo tempo: escreva uma carta de amor. Não precisa ser romântica;

Revelando o maior segredo de Napoleon Hill

algumas pessoas são restringidas pelo medo de perder o amor de um dos pais ou dos filhos. Mas expresse os seus sentimentos abertamente, e depois os entregue ou envie. Você provocará uma discussão que vai iluminá-lo. Talvez o ente querido não seja tão expressivo quanto você, mas você se verá de um jeito totalmente novo quando começar a receber o *feedback*.

Quando assimilar a ideia de que essa única qualidade não é tudo que importa, você descobrirá uma liberdade e um novo senso de possibilidades no seu relacionamento.

Medo da velhice

Esse medo não se limita às pessoas que já estão na terceira idade. Ele pode acometer qualquer um que pense que, de algum modo, a vida está acabada e que não tem mais tempo para fazer mudanças de fato. Você pode sucumbir a esse medo tão facilmente aos 25 quanto aos 75 anos.

E uma vez que esse medo o domina, você simplesmente para de crescer. Você acha que nenhuma recompensa é possível, então se esforçar não faz mais sentido. O mundo parece cheio de pessoas que são mais ativas e estão mais sintonizadas, de modo que você acha que não pode competir com elas. Você simplesmente desiste.

Mas pense nisto. Uma mulher de 76 anos passou anos fazendo um bordado requintado, até que a artrite a impossibilitou de segurar a agulha, então ela largou a agulha e o aro e pegou o pincel. Ela se chamava Anna Mary Robertson Moses, mas a maioria das pessoas a conhece como Grandma Moses. Seus trabalhos, hoje, estão expostos em museus por todos os Estados Unidos e na Europa.

Grandma Moses continuou pintando pelo resto da vida – mais 25 anos de vida que incluíram pelo menos 25 pinturas após seu aniversário de 100 anos. Ela teria visto todos esses anos gloriosos se tivesse resolvido que a vida estava acabada quando ela parou de bordar?

Se Grandma Moses conseguiu embarcar na carreira de pintora e tornou-se mundialmente famosa aos 76 anos, você deveria ser capaz de entender que ainda tem tempo de sobra.

Medo de perder a liberdade

Felizmente, nos Estados Unidos, existem poucas ameaças à nossa liberdade em comparação com a vida das pessoas em países de governo autoritário. Não nos preocupamos com polícia secreta, massacres, informantes ou campos de trabalho forçado. Mas esse medo pode ainda se enraizar e se manifestar em preocupações de que vamos ficar presos num ciclo interminável de trabalho e chateação, ou que, de algum modo, fazemos parte de um segmento marginalizado da sociedade.

O resultado, em geral, é raiva e ressentimento. Toda vez que algo não dá certo, culpamos "o sistema" ou nossos opressores. Se sua resposta para toda decepção é culpar sua etnia ou seu gênero, por exemplo, talvez você esteja dominado por esse medo.

Esses fatores podem colocar obstáculos no seu caminho. Mas acorde e ligue a TV! Pense no que você vê. As antigas barreiras estão ruindo. Talvez você as encontre, mas as paredes da opressão estão cheias de furos. Em vez de concluir que você está preso, lute para abrir caminho e comece a derrubar as barreiras pelo lado de cá!

E perceba também que a pessoa que está fazendo mais coisas para definir você a apenas uma característica é você mesmo.

Medo da morte

Nada neste livro o libertará do fato de que todos vamos morrer. Estamos neste mundo, e, como tudo que é vivo, nossos dias acabam. Mas temer o inevitável é inútil e paralisante. Não há modo algum de evitar a morte no final, e, se você deixar essa inevitabilidade controlar sua vida, talvez seja melhor entregar-se agora mesmo.

Em vez disso, recorra a qualquer coisa que sua religião ou sua filosofia dite e comece a pensar na vida. Pois é na vida que você tem controle, é na vida que você está, atualmente, infeliz, e – para aqueles que acreditam em vida após a morte – é nesta vida que você se prepara para a seguinte. Entregue-se ao medo da morte e você fará desta vida uma miséria só.

O entusiasmo é o antídoto. Um apetite saudável por algo mais, a paixão de alcançar isso, a convicção de que amanhã pode ser melhor do que hoje – esses são os elementos do entusiasmo e as qualidades que lhe permitirão encontrar motivação para jogar fora esse grande medo.

Você não quer morrer, então não aja como se isso fosse acontecer daqui a dez minutos. Em vez disso, aja como se fosse viver para sempre. Procure novas ideias, experiências e amizades. Lute por coisas que você quer que aconteçam. Assuma um risco: tome uma atitude agora.

Nem mesmo o mais duro golpe tem que pôr limites no que você pode fazer. Mire alto! Acredite no que você pode realizar e teste os limites dessa crença. Mesmo que não acerte tão alto, você acertará um alvo mais elevado do que teria acertado se tivesse mirado em algo que tem certeza de que pode alcançar.

Aplicar a fé em si mesmo e no seu propósito maior lhe dá prova definitiva do seu progresso e do seu poder. Faz do próprio mundo um

> *Não deixe passar a oportunidade de tornar-se a pessoa que você quer ser.*

aliado seu. Não deixe passar a oportunidade de tornar-se a pessoa que você quer ser.

Tome uma atitude agora e tenha certeza de que vai dar certo.

CAPÍTULO 9

SONHAR GRANDE E PEQUENO

"A imaginação é a estação de trabalho da alma, na qual o destino de um homem é confeccionado."

– Napoleon Hill

E ste capítulo trata de como ser imaginativo.

Bobagem, você diria. A imaginação é algo com que todo mundo nasce.

Não, a imaginação é uma habilidade, como dirigir um carro ou fazer multiplicação. Você pode aprender e usar o tempo todo. E a imaginação tornará muito, muito mais fácil para você alcançar suas metas.

As pessoas que têm imaginação em geral são chamadas de sonhadoras, e esse nome nem sempre é um elogio. Os sonhadores são estigmatizados como não práticos, ineficientes e irrealistas, mas esse é outro tipo de pensamento incorreto e negativo que permeia nossa cultura. Na verdade, os sonhadores podem ser pessoas poderosas, capazes de mudar o mundo. Todo mundo que algum dia teve sucesso já foi um sonhador, de um ou outro tipo.

> *Todo mundo que algum dia teve sucesso já foi um sonhador, de um ou outro tipo.*

Os sonhos, por mais maravilhosos que possam ser, precisam ser traduzidos para a realidade. Se os seus sonhos não passam da porta de entrada da sua casa ou se abrangem o mundo inteiro, eles não serão realizados enquanto você não entender como fazer isso acontecer.

Existem duas questões maiores neste capítulo: a primeira, como você pode dar à sua imaginação espaço para florescer, e, a segunda, como pode transformar em realidade as coisas com que sonha. Cada passo é liberador e empolgante, e os únicos limites que você encontrará são aqueles que impuser a si mesmo.

LIVRANDO-SE DAS CORRENTES

Na infância, todos temos ricos poderes de imaginação. Preenchemos a vida com amigos invisíveis, e toda história que ouvimos parece ser sobre algo que acontece conosco. Quando Dorothy vai encontrar o Mágico de Oz, estamos lá com ela. Quando João derrota o gigante, estamos lá, torcendo por ele.

Contudo, na adolescência, aprendemos que a imaginação e a realidade estão, em geral, em lados opostos. A escola nos ensina a resolver problemas de acordo com fórmulas que já foram inventadas. Somos recompensados ao nos ajustar a padrões, especialmente os sociais. Termine a escola. Vá para a faculdade. Arranje um emprego. Case-se. Tenha filhos.

Esses padrões não são necessariamente ruins. A intenção deles é nos dar habilidades e conquistas de que precisamos para funcionar na vida. Mas eles não concedem muito espaço para a variação individual. Uma jovem que tem filho antes de terminar o ensino médio, por exemplo, não encontrará muita gente esperando que ela vá para a faculdade e comece uma carreira.

Mas por que ela não poderia fazer isso? O caminho que ela seguirá talvez não seja muito similar ao que uma jovem que não tem filhos seguiria, mas ela pode ainda criar um caminho que lhe tornará possível conseguir um diploma e um emprego bom, interessante e satisfatório. Mas criar esse caminho vai requerer imaginação, que, infelizmente, é uma qualidade desencorajada, especialmente nas pessoas que já se desviaram dos padrões estabelecidos.

IMAGINAÇÃO REDOBRADA

Napoleon Hill identificava duas maneiras como a imaginação funciona. A *imaginação sintética* pega ideias que já existem e as aplica de forma nova. A *imaginação criativa* produz algo completamente novo.

Embora a imaginação criativa pareça ser mais significante, os dois tipos são igualmente importantes. Ideias produzidas pela imaginação sintética podem, em geral, ser aplicadas mais rapidamente, porque surgem de procedimentos com os quais as pessoas já estão familiarizadas. Quando você testa uma erva diferente numa receita, isso é a imaginação sintética. Quando uma nova versão de um *software* é lançada, isso é o resultado da imaginação sintética. A imaginação criativa tem potencial para ser mais revolucionária. Mas porque apresenta uma mudança fundamental, ela pode parecer maravilhosa e confusa ao mesmo tempo.

Um jeito de tornar uma ideia mais palatável e útil, para você e para os outros, é cercá-la de ideias sintéticas. Conceitos novos podem precisar de um contexto familiar para que as pessoas os avaliem bem. Não deixe que o orgulho que você tem das suas habilidades criativas seja obstáculo quando for mostrá-las numa situação em que elas podem ser aplicadas.

A imaginação deve ser encorajada. Ela não é perigosa, e não é frívola. A imaginação é absolutamente necessária para o progresso pessoal e o social. Sem a imaginação, todos nós estaríamos vivendo debaixo de árvores, comendo alimento coletado, nus em pelo. A imaginação criou a civilização, e a imaginação é necessária para a civilização continuar. Então, por favor, ponha de lado quaisquer ideias que você tenha de que a imaginação é uma qualidade do pensar de que você não precisa. Não importa se a vida foi fácil para você até agora, ou se você teve que lutar o tempo todo. Você precisa da imaginação.

Sem a imaginação, todos nós estaríamos vivendo debaixo de árvores, comendo alimento coletado, nus em pelo.

E você tem a imaginação agora mesmo. Tem, e posso provar.

Tente esse exercício: sente-se num lugar calmo. Coloque o alarme para dois minutos. Feche os olhos. Agora, durante esses dois minutos, você pode pensar em qualquer coisa que quiser, exceto em sapatos.

Comece.

Quando acabarem seus dois minutos, sei que você não terá conseguido. É impossível não pensar em algo em que você está evitando pensar. Talvez você tenha tentado pensar em algo totalmente alheio a sapatos, como uma sinfonia. Mas continuava ciente da pretensão de não pensar em sapatos, e estes ficavam se esgueirando para dentro da sua mente: tênis, sandálias, botas, mocassins, botinas ou pantufas.

Esse pequeno exercício funciona (ou fracassa?) porque você tem imaginação. Ela é poderosa mas indisciplinada. Sua imaginação opera o tempo todo, mas você tende a ignorá-la, porque ela está trabalhando em algo que é irrelevante ou porque está trabalhando em algo em que você não quer pensar. Mas o truque para ter uma imaginação útil é não a ignorar, e direcioná-la.

Eis outro exercício. Organize-se do mesmo jeito que você fez da outra vez, num lugar no qual não será interrompido, e ajuste o alarme para contar dois minutos. Agora pense somente em sapatos.

Comece.

Claro que você provavelmente não conseguiu fazer isso também. Pensar em sapatos lembra você de onde você os comprou, a que lugar foi com eles, qual foi o preço e se você tem algum outro evento para ir e talvez precise de um novo par. Toda uma nova série de outros pensamentos provavelmente entrou na sua mente, ainda que você a tenha voltado para os sapatos, o tempo todo.

Mas esse é um lado muito mais útil da imaginação. Ela encontra conexões. Relembra sentimentos e ideias. A imaginação é associativa e criativa. Ela reúne coisas e cria coisas novas a partir delas. Esse é o lado da imaginação ao qual você pode recorrer quando precisar.

Se você andou ignorando sua imaginação, precisará trabalhar um pouco para que ela se torne uma poderosa ferramenta para você. Precisará aprender a guiar sua imaginação e valorizar o que descobrir com ela. Nunca se sabe quando sua imaginação poderá ajudá-lo.

Você precisará de *insight*. Precisará de soluções criativas para problemas como escrever um código de computador, juntar dinheiro ou fazer seus filhos se engajarem mais na lição de casa. E, acredite em mim, quando chegar esse momento, você ficará contente por ter uma imaginação fértil para lhe dar apoio.

TREINAMENTO DE FLEXIBILIDADE

Você precisa ser capaz de direcionar sua imaginação e confiar nela para lucrar com

> *Você precisa ser capaz de direcionar sua imaginação e confiar nela para lucrar com ela.*

Revelando o maior segredo de Napoleon Hill

ela. Vamos dar uma olhada em alguns exercícios que você pode usar para treinar sua imaginação para atender os seus direcionamentos.

Para qualquer um desses exercícios, não há respostas certas. O resultado não é tão importante quanto o processo de aprender a colocar sua imaginação para funcionar. A essa altura, não se deixe perder tempo com detalhes e aspectos práticos. Você chegará ao ponto, bem rapidamente, em que poderá aplicar com eficiência sua imaginação para superar dificuldades específicas. Mas primeiro vamos trabalhar na questão mais simples de dar direcionamento à sua imaginação.

Não há como chegar lá partindo daqui

A maioria das pessoas tem uma rota padrão que segue para ir e voltar do trabalho. Agora planeje cinco rotas alternativas para o trabalho, cada uma conforme um dos conjuntos de regras fornecidos a seguir. Se você não sai de casa para ir ao trabalho, escolha outro destino frequente, como ir ao mercado ou à escola.

1. Planeje uma rota na qual você vira somente à esquerda.
2. Planeje uma rota que passe perto de três corpos de água, como rio, riacho, lago, mar etc.
3. Planeje uma rota que você poderia percorrer a cavalo.
4. Planeje uma rota na qual você veria um hospital, uma biblioteca e um parque.
5. Planeje uma rota na qual você não veja um posto de gasolina, um restaurante ou um lava-rápido.

Obviamente, não há motivo prático em nenhuma dessas rotas, mas planejar cada uma delas engaja sua mente e sua imaginação. Você precisa relembrar coisas que vê todos os dias ou coisas que talvez sejam difíceis de achar. Talvez descubra que teria de dar uma volta imensa para cumprir alguma delas. Mas a questão, aqui, é engajar partes da sua mente que você não acessa normalmente quando pensa no seu trajeto. Você está aplicando a imaginação em algo que, no dia a dia, faz automaticamente. Está ficando consciente de algo que se tornou familiar, que é rotineiro, acessando informações que você acumulou, mas nunca aplicou.

Reinventar algo para o qual você não dá atenção é uma das melhores maneiras de aplicar a imaginação. Se você se sente bloqueado nas suas tentativas ou, de algum modo, não consegue resolver um problema com soluções que funcionaram antes, pode adaptar esse exercício para encontrar uma nova abordagem. Ele funciona até mesmo se você não souber exatamente que tipo de mudança precisa fazer. Escolha um fator arbitrário e coloque-o na sua pergunta. Por exemplo, faça a si mesmo uma destas perguntas: como eu resolveria isso se não houvesse eletricidade? Como eu resolveria isso se pudesse me comunicar apenas por escrito?

A chave para usar esse exercício é começar examinando uma situação desde a base. A torção específica que você introduz na equação não é tão importante quanto o que você descobre quando começa a repensar tudo. Como sempre, guarde notas sobre pequenas ideias intrigantes que lhe ocorram conforme você pondera as coisas. A solução de que você precisa talvez não apareça num único *insight*; talvez você ainda tenha que fazer conexões entre diversas ideias novas.

Sou maravilhoso

Escreva seu nome no lado esquerdo de um pedaço de papel, uma letra por linha. Agora, para cada letra do seu nome, escreva algo positivo sobre você que comece com essa letra. Segue um exemplo:

Revelando o maior segredo de Napoleon Hill

N Nobre

A Amável

P Persuasivo

O Original

L Livre

E Emblemático

O Otimista

N Notável

H Habilidoso

I Imaginativo

L Líder

L Lutador

Seu objetivo aqui é alongar a mente para encontrar um leque de ideias. Se no seu nome aparecer a mesma letra diversas vezes (como o L, acima), talvez você tenha que pensar ainda mais. Tudo bem. Na verdade, é melhor ainda, para você, porque terá que se esforçar um pouco mais. Existe um benefício colateral nesse exercício de se lembrar de algumas das suas qualidades boas, mas o ganho real está em tentar trabalhar dentro de uma estrutura e, ao mesmo tempo, ser o mais criativo possível.

Você pode mudar esse exercício usando uma palavra ou palavras que representam a questão que você está lutando para resolver. Pode, também, escrever uma frase, em vez de uma palavra só, se isso ajudá-lo a expressar melhor uma ideia. Com essa abordagem, você está trabalhando para entrar em contato com ideias que você tem e, quem sabe, descobrir umas ideias novas, também.

Além disso, talvez você constate que fica sempre voltando para algumas ideias que não cabem na estrutura das palavras. Se isso acontecer, escreva essa ideia na base da página, para pensar nela depois.

> *Se sua imaginação levá-lo para um local útil, de iluminação, não tenha medo de segui-la.*

A fórmula da palavra serve apenas como ponto de partida: se sua imaginação levá-lo para um local útil, de iluminação, não tenha medo de segui-la.

Colorir o meu mundo

Esse exercício foi adaptado de uma técnica usada para ajudar as pessoas a corrigir pequenos problemas de visão. Pense nele, também, como uma maneira de melhorar a visão da sua imaginação.

Escolha uma cor, qualquer cor. Agora, sem se levantar, tente pensar em tudo que tem na sua casa que é dessa cor ou tem algo dessa cor. Pode ser roupas ou uma pintura, a capa de um livro ou uma louça da cozinha. Escreva cada coisa num pedaço de papel. Após cinco minutos, levante e comece a olhar ao redor. De quantas coisas você esqueceu? Há coisas que você achou que eram de uma cor e não eram?

Agora, escolha outra cor e repita o exercício. Você provavelmente não acertará tudo dessa vez, de novo, mas se sairá muito melhor.

Nesse exercício, você se vale amplamente da memória. Na segunda vez, tem algumas pistas e a experiência, que lhe permitem fazer conexões que talvez você não tenha visto antes. Você se lembrará de certos tipos de itens ou locais que tinha esquecido (o que tem na minha geladeira?).

Esta é outra coisa importante a lembrar sobre a imaginação: ela pode ser alimentada. Quando você não tiver tudo de que precisa para cumprir uma tarefa, obtenha. Investigue. Até mesmo pedacinhos de informação podem apurar sua turbinada imaginativa.

> *Até mesmo pedacinhos de informação podem apurar sua turbinada imaginativa.*

Pensamentos contrários

A imaginação pode ajudá-lo a superar obstáculos ao driblá-los. Copie as frases a seguir num pedaço de papel. Depois escreva uma frase oposta ao lado de cada uma.

1. Eu tenho insônia.
2. Odeio maçã.
3. Meu pé está doendo.
4. Assisto demais à TV.
5. Estou gordo demais.

Agora olhe para cada uma das afirmações opostas que você escreveu e pense num jeito de fazer acontecer. Talvez você não queira que seja verdade, mas, pelo exercício, faça isso.

A ideia aqui é deixar sua mente acostumada a pensar em situações alternativas e maneiras de criá-las. Mudar a hora de ir para a cama pode ser um jeito fácil de lidar com o primeiro item, mas você pode, também, usar remédio para dormir. Alguns podem não achar isso muito saudável, mas não deixa de ser uma opção. Não evite opções porque elas parecem equivocadas inicialmente. Talvez você realmente precise fazer uma mudança grande.

Esse exercício é facilmente adaptável para todo tipo de resolução de problemas. Basta escrever a descrição de algo de que você não gosta e, em seguida, uma afirmação oposta. Depois, tente dar um jeito de fazer acontecer esse oposto.

Todos os exercícios, na verdade, são úteis para direcionar sua imaginação para lidar com algo que o está confundindo. Talvez eles não ofereçam, em si, uma solução, mas focam os seus poderes criativos num problema e os colocam para trabalhar. As imaginações funcionam em ritmos diferentes, então, não se preocupe se você não encontrar uma solução na primeira vez que ponderar uma questão. Sinta-se à vontade para repetir os direcionamentos algumas vezes, no entanto, até que a imaginação comece a responder.

Também fique sabendo que sua imaginação pode continuar a girar nos bastidores enquanto você está focado em outra tarefa. Se você não encontrar a solução de que precisa após aplicar-se conscientemente à questão, não se desespere. Deixe sua imaginação fazer sua mágica. Você talvez descubra que a luz da inspiração acende quando você menos espera. Quem sabe você não vê, ouve ou lê alguma coisa e, subitamente, eureca! Reconhece uma conexão ou solução que até então lhe escapava.

Talvez você nem perceba que precisa de um jeito novo de abordar alguma coisa. Mas, então, sentado, assistindo a um jogo de beisebol, por exemplo, você sente a fagulha de uma ideia entrar na sua mente. O que aconteceria, você se pergunta, se embalássemos o nosso produto com um boné de beisebol com o nosso logotipo? Isso não ajudaria a criar um laço com os novos consumidores? Se usassem o boné, não poderiam fazer os amigos ficarem curiosos com relação ao nosso produto? Quantos novos pedidos conseguiríamos com esse novo método? Ou existe algo melhor do que um boné de baseball que poderíamos usar?

As ideias que você recolherá de uma imaginação engajada podem lhe ser profundamente úteis. Você não precisa abraçar todas elas, mas jamais cometa o erro de dizer "chega!" à sua imaginação. Suas faculdades racionais podem pensar nas implicações das ideias. Deixe suas faculdades criativas livres para buscar coisas novas.

ABRAÇANDO A INSPIRAÇÃO

Assim que a sua imaginação começa a lhe fornecer ideias, você ainda precisa considerar se essas ideias são úteis. Não rejeite nada logo de cara, a não ser que entre em conflito com suas crenças morais. Mas tenha em mente que ponderar uma ideia não é a mesma coisa que decidir agir sobre ela. Não há nada de errado – e talvez seja bem correto – pensar em alguma coisa e depois abandoná-la.

> *Mas tenha em mente que ponderar uma ideia não é a mesma coisa que decidir agir sobre ela.*

Mas chegará o momento em que você deverá entrar em ação. Por mais abundante que a sua imaginação tenha se tornado, ela não lhe será de grande ajuda se você não começar a agir nas ideias que vêm com ela. É na necessidade de agir sobre as suas ideias que a imaginação é similar à fé. Você precisa começar a aplicar a imaginação e dar passos concretos para fazer acontecer. A não ser que dê expressão à sua imaginação, você enviará para ela a impressão de que ela não é importante. Você pode começar a perceber sua imaginação ficando menos ativa ou se voltando, mais uma vez, para assuntos que não lhe são úteis.

Algumas pessoas se sentem muito mais confortáveis com mudanças do que outras. Se você é do tipo para quem a mudança traz ansiedade ou resistência, mesmo assim pode abraçar a imaginação. A chave para você, e para todos nós, na verdade, é tornar algo familiar o ato de abraçar a imaginação. Como em aplicar a fé, você pode começar com passos pequenos que lhe demonstram que a mudança pode ser bem-vinda.

Lembra-se do primeiro exercício de imaginação apresentado neste capítulo, de mudar sua rota para o trabalho? Por que não tentar uma mudança tão pequena e simples quanto essa? Você não precisa fazer nada drástico, como ir a cavalo para o trabalho. Amanhã, quando sair de casa, vire à esquerda se você costuma virar à direita, ou vice-versa. Depois siga a rota mais curta que você conhece (a não ser virar à direita de novo).

Essa pequena mudança pode parecer inconsequente, mas faça-a de olhos abertos. Pergunte a si mesmo se houve algum benefício. Você passa por algum lugar em que precisa passar? Evita um cruzamento lotado ou uma porção perigosa de estrada? Pode ser que essa pequena mudança altere toda sua rota, ou pode levá-lo de volta à rota de sempre. E isso é algo que é importante perceber acerca das mudanças. Elas podem ser profundas ou pouco importantes, mas, quando você as faz com consciência, está preparado para elas, ao menos no sentido de que você continua capaz de fazer ajustes.

Há outras maneiras de você se acostumar com a mudança. Mude o jeito de atender ao telefone. Acorde uma hora mais cedo. Coma apenas comida vegetariana por uma semana. (Qualquer coisa que seja, escolha algo em que você não acabará chateando outra pessoa ao adotar essa nova abordagem. Não seria legal ter alguém reclamando enquanto você está testando uma coisa nova. É melhor você se concentrar nas suas reações, não nas de outra pessoa.) Continue fazendo pequenas mudanças até não resistir mais ao conceito de mudança. Você começará a reparar que algumas das mudanças vale a pena incorporar na sua rotina, porque não existe uma pessoa sequer por aí que descobriu o jeito perfeito de fazer tudo na vida.

> *Continue fazendo pequenas mudanças até não resistir mais ao conceito de mudança.*

A mudança vai começar a parecer uma aliada. Você terá a sensação de que, mesmo se tudo não der certo toda vez, a mudança continua sendo útil e empolgante. Você ganhará, também, confiança na sua habilidade de prever os resultados das ideias novas. Verá que tinha razão quando achou que tomar o café mais forte o faria tomar menos e ser menos dependente dele. Verá que estava certo ao suspeitar que almoçar na mesa não o fez ganhar tempo, visto que você ficou atendendo ao telefone o tempo todo. Concluirá que o tempo de leitura que ganhou ao ir trabalhar de ônibus não valeu o tempo a mais que isso levou, mas que acordar mais cedo diminuiu quinze minutos do trajeto de carro.

Pequenas percepções levam a outras maiores. Sua vontade de fazer mudanças, bem como sua habilidade de se ajustar a elas e avaliá-las, aumentarão bastante. Agora você se preparou para algo maior.

Esse pode ser um grande passo. As soluções que a imaginação produz em geral tocam o desconhecido, algo que nunca foi testado. Essa novidade é parte importante do seu valor, mas ainda demanda que você corra um risco. Você pode se preparar de diversas maneiras para dar esse passo imaginativo.

Converse sobre isso com seu grupo de MasterMind. Talvez você descubra conhecimento e perspectivas muito valiosos (é isso que o MasterMind pode fornecer). Essa informação nova pode ajudá-lo a refinar sua ideia e pode até aumentar drasticamente a utilidade dela.

Calcule bem as coisas. Certifique-se de ter os recursos – tempo, dinheiro, pessoal, energia emocional – para ajustar-se a uma mudança e, se necessário, às complicações dela. Uma boa ideia pode alterar coisas que você não antecipou, e, se você entrar em pânico no primeiro ribombar das águas, não poderá avaliar se a mudança valeu a pena.

Pense bem em tudo, primeiro. Novamente, traga seu grupo de MasterMind para isso. Pode haver alguns custos envolvidos, então resolva se você está disposto a lidar com eles em troca dos benefícios que receberá. Faça uma lista de todos os bons resultados que você espera, e faça outra lista ao lado desta de quaisquer possíveis contratempos. Considere maneiras de eliminar os contratempos ainda obtendo os benefícios que você quer. Ainda assim, não haverá garantias de sucesso, mas você terá eliminado bloqueios previsíveis.

Faça a mudança com a AMP. Como em qualquer outra coisa que você realiza, entrar com uma atitude otimista faz uma diferença enorme. Suas expectativas colorem as suas ações, bem como as ações de qualquer um que estiver envolvido. Se um colega ou um cliente percebe que você está nervoso, essa ansiedade será comunicada. Se ele sente que você é um entusiasta, bem, você sabe a sensação que você vai gerar neles também.

Vá avaliando. Você está fazendo uma mudança para alcançar um resultado. As mudanças não são feitas apenas por fazer, mas para melhorar. Você pode e deve fazer a si mesmo perguntas duras acerca dos benefícios desses novos modos. No entanto, não faça a pergunta no instante em que encontrar a primeira complicação. Pense numa solução e, depois, quando tiver um minuto de tranquilidade, considere se esse primeiro sinal de problema vai acontecer de novo e se há um jeito de lidar com ele.

Talvez você seja obrigado a concluir que, por mais brilhante que lhe parecesse a ideia, ela simplesmente não funciona. Se escolher abandoná-la, aplique as lições sobre aprender com as derrotas para ganhar entendimento de por que você não obteve os benefícios que queria. Não se recrimine por uma ideia fracassada. Até mesmo os cadernos de Leonardo da Vinci estão cheios de esquemas que ele nunca foi capaz de fazer funcionar.

Não sufoque sua imaginação porque ela o levou à decepção. A marca da verdadeira inspiração é uma disposição para continuar imaginando mesmo diante do fracasso. Quando Clare Boothe Luce saiu de um palco da Broadway debaixo de vaias, ela não resolveu simplesmente parar de escrever peças. E sua disposição para continuar imaginando o que ela poderia fazer acabou a levando a uma cadeira no Congresso e fez dela embaixadora norte-americana na Itália.

Sua imaginação pode transformá-lo. Essa transformação apenas ocorrerá, no entanto, se você estiver disposto a traduzir as suas visões em algo real. Sonhe o quanto quiser, mas não fique só no sonho. Trabalhe. Faça. Cometa erros. Examine esses erros. Tente de novo. Os sonhos são apenas o começo. Você deve confiar nos seus sonhos para realizá-los, e deve colocar essa confiança para funcionar.

CAPÍTULO 10

COLOCANDO O MUNDO SOB RÉDEAS

"Uma personalidade agradável é redondinha; assim, há 25 aspectos diferentes na sua personalidade que você deve batalhar para melhorar. Alguns deles são a atitude mental positiva, a flexibilidade, o hábito de sorrir, a tolerância e o senso de justiça."

– Napoleon Hill

Acenda a sua imaginação e visualize isto: aonde quer que vá, você encontra pessoas que lhe respondem com entusiasmo. Elas escutam o que você tem a dizer e querem ouvir mais. Essas pessoas ficam ávidas por ajudá-lo: querem comprar o que você está vendendo, apoiar seus esforços para mudar o mundo. As pessoas ficam atraídas por você. Elas o admiram, e muitas delas tentam imitá-lo. Você descobriu como se apresentar de uma maneira que inspire confiança e respeito. Você tem o que Napoleon Hill chamava de *personalidade agradável*.

Criar uma personalidade agradável faz maravilhas para os seus esforços a fim de alcançar seu propósito maior. Gera cooperação e boa vontade, abre portas e instila atitudes amigáveis nas outras pessoas.

Revelando o maior segredo de Napoleon Hill

Você capta o interesse de todos, e pode usar esse interesse para ganhar grandes vantagens.

Se você anda aplicando lições dos capítulos anteriores, já tem qualidades que fazem parte de uma personalidade agradável: atitude positiva, entusiasmo, senso de propósito, habilidade de lidar com contratempos, autodisciplina e criatividade. Quando faz esforços conscientes para demonstrar essas qualidades para as outras pessoas, você adquire tudo que há de fundamental para ser uma pessoa atrativa. O que resta é descobrir os meios para demonstrar esses aspectos de si mesmo para que eles atraiam as pessoas para você.

Como acontece com tantas coisas que você está fazendo para alcançar as suas metas, você consegue fazer isso por meio de um esforço constante que começa com coisas que parecem bem menores. As sugestões apresentadas neste capítulo podem, às vezes, lhe parecer simplistas e sem importância, mas não são. Quando você considerar cada uma e perceber como essa qualidade o afeta quando outra pessoa a demonstra, entenderá quão útil ela pode ser.

Apresentar uma personalidade interessante não é questão de se inibir para ser parecido com todo mundo ao seu redor. Suas qualidades especiais continuarão tendo espaço para se expressar. De fato, elas provavelmente serão enfatizadas pelos seus esforços. Você entenderá suas forças e será capaz de brincar com elas. Não é preciso se preocupar com se tornar um modelo de pessoa perfeita. Você continuará sendo você mesmo, e os outros verão essa pessoa única com mais clareza do que nunca.

Vamos examinar todas as coisas que compõem uma personalidade agradável. Algumas delas parecem maiores que outras, mas vale a pena considerar cada uma delas, em termos de como você a demonstra para todos que você encontra. Há muitos aspectos numa personalidade

ATITUDE MENTAL POSITIVA

agradável. Mas não deixe isso intimidá-lo. Como você verá, muitos desses elementos são qualidades nas quais você já tem trabalhado.

ATITUDE MENTAL POSITIVA

Quando lhe apresentei a ideia da Atitude Mental Positiva, ou AMP, muitas páginas atrás, lhe pedi que pensasse em com quem você preferiria passar um tempo, uma pessoa animada e vigorosa ou uma pessoa depressiva e entediante. Suponho que sua resposta não tenha mudado.

A AMP é tanto otimista quanto realista, e ambas as qualidades precisam ficar evidentes para as outras pessoas. Confiança e uma atitude de poder fazer são atrativas por si sós, mas, se sua natureza ensolarada parece sempre incapaz de reconhecer problemas, as pessoas começarão a desconfiar do seu julgamento. Não caia na armadilha de pensar que a AMP significa não poder admitir que há problemas para resolver. Reconheça problemas e então demonstre que você tem certeza de que encontrará uma resposta para eles.

Quando encontrar a resposta, apresentar sua solução de maneira afirmativa atrairá as pessoas para sua ideia. Coloque um pouco de entusiasmo na sua apresentação e esteja pronto para agir com um pouco de fé aplicada. Assuma o papel principal, principalmente em situações nas quais a liderança parece estar ausente, e você vai inspirar as pessoas a segui-lo.

Se você reforçar sua AMP todos os dias, antes de sair para o mundo, emergirá com uma energia que atrairá as pessoas aonde quer que você vá. Um sorriso e um cumprimento sorridente têm a qualidade de contagiar: espalhe um pouco de AMP pelo trabalho, bem cedo, de manhã, e isso influenciará seus encontros com as outras pessoas ao longo do dia. Despeça-se da mesma maneira. Faça as pessoas voltarem para casa com uma sensação boa a seu respeito e a respeito do trabalho e de si mesmas. Se elas levarem um pouco da sua AMP para casa, isso pode afetar todo o resto do dia e trazê-las de volta para o trabalho, no dia seguinte, ainda mais receptivas a você.

Ainda que a AMP que você compartilha não dure até a próxima vez em que você encontrar alguém, mesmo assim as pessoas vão associar você com um senso de mais energia e potencial. Essa conexão faz maravilhas quando você precisa de ajuda ou assistência. Ao criar afinidade com as pessoas, você as encoraja a ver suas necessidades e metas como similares às delas. Faça de si mesmo alguém memorável por meio da AMP, e você encontrará muitos novos aliados na sua busca de sucesso.

> *Ao criar afinidade com as pessoas, você as encoraja a ver suas necessidades e metas como similares às delas.*

FLEXIBILIDADE

Bem no meio da apresentação para o cargo de gerente-sênior, um arquivo com defeito bagunça as suas imagens, e aparece uma foto, na tela, da sua família, nas férias. Ela é bonitinha, mas não tem nada a ver. Não há como corrigir o problema imediatamente. O que você faz?

a. Põe a culpa no assistente?
b. Desiste?
c. Prossegue com a apresentação?

A resposta, claro, é a C.

Manter-se focado e capaz de lidar com frustrações é parte essencial de ter uma personalidade agradável. A AMP ajuda nisso, bem como a compreensão emocional que vem com a autodisciplina. Se você reconhece seus sentimentos, tem mais capacidade de mantê-los sob controle e fazer o que for necessário para manejá-los. Você é capaz, também, de perceber e ajustar-se a mudanças nos estados emocionais dos outros. Manter seu humor alinhado à atmosfera de uma situação é importante, a não ser que você queira parecer uma pessoa totalmente alienada.

Se chegar um momento em que você percebe que um humor precisa mudar, ser emocionalmente flexível significa que você é capaz de projetar um sentimento contrário. Você pode injetar otimismo onde for necessário, ou quebrar a tensão quando as pessoas estão batendo a cabeça. Pode mudar a reação de ansiedade de um grupo a uma notícia para um senso de oportunidade. Numa negociação, você é capaz de entender o que é importante para a outra parte; isso o torna capaz de lhe oferecer o que ela precisa.

Flexibilidade emocional não é o mesmo que impressionabilidade emocional. Você deve analisar e avaliar os humores que encontra nos outros antes de dar uma resposta. Fazer isso lhe permite que dissolva antagonismo com compreensão, ou transforme uma complicação numa chance de melhorar as coisas.

Pessoas emocionalmente flexíveis são vistas como pessoas que resolvem problemas. Elas têm a reputação de não ser sobrepujadas pelas circunstâncias. Tornam-se peças essenciais nas empresas, e os outros confiam que elas tomarão decisões por conta própria. Seja sempre flexível e você será uma dessas pessoas.

> *Pessoas emocionalmente flexíveis são vistas como pessoas que resolvem problemas.*

SINCERIDADE

Isso é a cereja do bolo de uma personalidade agradável. Todo o talento do mundo para agir não lhe garantirá uma personalidade agradável sem uma crença sincera em si mesmo e na importância do seu propósito na vida. Quando você age com convicção, a partir de uma crença profundamente assentada, apaixonadamente sustentada, a intensidade dos seus sentimentos é transmitida para as outras pessoas. Tente usar os outros atributos de uma personalidade agradável para os fins errados, e sua falta de sinceridade o sabotará.

A sinceridade requer uma boa dose de autoexame e compreensão. Se suspeitar que o seu propósito maior, por algum motivo, não vale a pena, você trairá esse sentimento. Se tentar contar com a ajuda de alguém que você não acredita que partilhe as mesmas coisas, você não terá a sinceridade necessária para conquistar essa pessoa. Você precisa convencer a si mesmo antes dos outros acerca da importância do seu propósito de vida.

Isso não significa que você tem de saber que outra pessoa acredita exatamente no mesmo que você. Mas é preciso encontrar um ponto de conexão, uma ideia ou um tema em que suas crenças sejam similares. E é a partir desse nexo que você pode começar a fazer seu apelo por amizade ou respeito. Você pode demonstrar sinceridade com o atendente no Detran que está renovando sua carteira de motorista, com o médico que está tratando sua gripe ou com alguém que é muito importante para você alcançar as suas metas. Cada uma dessas pessoas tem um papel a exercer, ajudando-o a ter sucesso. O tamanho desse papel varia, mas qualquer um deles será mais amigável e útil quando perceber que você entende e respeita sinceramente o que eles podem fazer por você.

Você pode projetar maior sinceridade certificando-se de estar convencido da importância do seu propósito maior. Leia sua afirmação

> *A sinceridade pode se transformar em excesso de zelo se você não tiver seu entusiasmo sob as rédeas.*

de propósito todos os dias, e faça isso com paixão e sentimento. Mantenha seu entusiasmo em ação e sob controle: é bom poder mostrá-lo quando necessário, mas não devemos assustar as pessoas com ele. A sinceridade pode se transformar em excesso de zelo se você não tiver seu entusiasmo sob as rédeas.

A sinceridade também lhe permitirá transmitir ideias difíceis às pessoas. Se entenderem que você não está simplesmente buscando uma vantagem temporária, elas o escutarão com mais atenção. Você será capaz de inspirá-las com mais eficiência e de fazê-las considerar escolhas que elas não fariam sozinhas. Isso vale tanto para um pai conversando com um adolescente quanto para um gerente tentando animar os funcionários para trabalhar mais.

A sinceridade é contagiosa. Sua crença na importância do seu propósito pode inspirar as pessoas a trabalhar mais duro por você, com maior inspiração. Mostre sinceridade em todas as suas relações, e você será encorajado por tudo que conseguirá realizar.

> *Mostre sinceridade em todas as suas relações, e você será encorajado por tudo que conseguirá realizar.*

FIRMEZA

Lado a lado com a sinceridade vem a firmeza. Em geral, ela aparece na tomada de decisões, mas é importante também nas opiniões que você emite. Firmeza não é o mesmo que rigidez. Uma personalidade rígida simplesmente se agarra a uma ideia porque não pode aceitar uma ideia nova. Uma personalidade firme ampara decisões com razões sólidas e se torna algo de que as pessoas podem depender.

Você achará fácil ser firme quando tiver uma autodisciplina forte. Tomar uma decisão e depois mudar de ideia é um sinal de emoções conflituosas. Tudo bem ser ambivalente com relação a alguma coisa no começo, mas, quando resolver agir, você tem que entender que outras pessoas dependem daquilo que você decidiu fazer. É por isso que é importante ser disciplinado no pensar, e não tomar decisões baseadas num capricho.

O princípio também se aplica quando você oferece uma opinião. Se precisar de tempo para pensar bem em alguma coisa, faça isso. Mas, quando abrir a boca, não tempere sua fala com qualificações. Você dará às pessoas a impressão de que está inseguro ou indeciso.

Ter uma identificação forte com seu propósito maior facilita muito ser firme. Você pode fazer sua escolha com base no que é mais importante para você. Se isso requerer sacrifício, você saberá por que vai fazê-lo. Você pode evitar distrações tentadoras, e pode escolher caminhos que o levarão à sua meta.

> *Ter uma identificação forte com seu propósito maior facilita muito ser firme.*

E se chegar o momento em que você tenha que admitir um erro, faça isso. Não faça uma admissão equívoca. Uma declaração firme de que outra pessoa estava correta lhe renderá muito mais respeito do que uma admissão qualificada. As pessoas confiarão mais nas suas declarações firmes quando não suspeitarem que você é incapaz de reconhecer um erro quando acontecer.

CORTESIA

Ah, são tantos os exemplos que eu poderia lhe dar que mostram como a cortesia desapareceu do mundo. Por cortesia, refiro-me às pessoas que tratam umas às outras com respeito. Demonstre um pouco de cortesia às pessoas e você ganhará, no mesmo instante, alguns pontos na estima que elas têm por você.

Ser cortês não é ser antiquado e pomposo. É mostrar sensibilidade com os sentimentos das outras pessoas em todas as circunstâncias, até mesmo pessoas que você encontra por apenas alguns segundos. É ajudá-las e ser bondoso com elas. A cortesia anda tão rara ultimamente que você vai causar uma boa impressão imediata.

Eis algumas maneiras de demonstrar cortesia:

* Segure a porta tempo suficiente para a pessoa que vem logo atrás poder segurá-la. Deixar a porta bater com tudo depois que você sai, na cara da outra pessoa, passa a ideia de que você não está nem aí para ela.

* Faça contato visual com as pessoas quando conversar com elas. As pessoas que têm de lidar com você enquanto você fuça em papéis ou fala ao telefone têm a impressão de que você está incomodado com elas ou que não está interessado.

* Quando você ligar para alguém que nunca viu pessoalmente, dirija-se à pessoa por senhor ou senhora e pelo nome. Quantas vezes você foi tratado de modo mais coloquial e acabou descobrindo que era apenas alguém querendo convencê-lo a comprar alguma coisa? Não dê bola para intrometidos como esses.

* Não tenha receio de lembrar alguém de que é muito difícil guardar nomes. Isso evita o constrangimento e deixa a pessoa

Revelando o maior segredo de Napoleon Hill

mais tranquila. E também faz com que ela se sinta lisonjeada se de fato lembrar o seu nome.

* Não permita que uma ligação de celular interrompa uma conversa frente a frente. Se você tem que atender à chamada, diga à pessoa que ligou que você retornará mais tarde. Ninguém gosta de esperar enquanto você fica mostrando que tem outra pessoa que é mais importante.

* Não se insira no meio de outra conversa para fazer perguntas que não têm a menor relação com o assunto. Você força as outras pessoas a sair do tema e passa a impressão de que elas não são tão importantes quanto você.

Esses exemplos estão aqui apenas para lembrar-lhe de maneiras de ficar atento a como você está tratando as pessoas. Se fizer da cortesia parte habitual do seu comportamento, você terá a certeza de nunca insultar, inadvertidamente, seu próximo cliente ou novo vizinho. Até mesmo as pessoas com quem você não lida direta ou frequentemente descobrirão que você presta atenção a elas como seres humanos que merecem respeito. Esses pequenos gestos de respeito podem ter grande peso.

TATO

Ter tato não é o mesmo que ser cortês. Tato serve mais para si mesmo que a cortesia. Enquanto a cortesia demonstra respeito, o tato é um meio de não falar mais do que se deve. Quando você tem tato, evita dar às pessoas a impressão de que é um trem desgovernado do qual não se pode esperar que mostre bom julgamento.

Dá para ser cortês e não ter tato ao mesmo tempo. Quando oferece o seu lugar a alguém que não parece tão capaz quanto você de ficar de pé, você foi cortês. Se disser "Parece que você vai cair a qualquer momento. Pode sentar aqui", você desfaz tudo que havia de bom em ser cortês.

> *Ter tato requer sensibilidade e pensar antes de falar ou agir.*

Ter tato requer sensibilidade e pensar antes de falar ou agir. Poucas pessoas desejam parecer que não têm tato, mas aqui estão alguns erros comuns que todos cometemos às vezes:

* Fazer perguntas pessoais de coisas que não são da sua conta.
* Supor que a outra pessoa tem as mesmas crenças religiosas e políticas que você.
* Dar sua opinião sem que seja solicitado.
* Fofocar.
* Corrigir os erros da outra pessoa na frente de terceiros.

Ter tato não é o mesmo que ser tímido. Se você precisa inserir uma opinião contrária numa discussão, tente fazer uma pergunta, em vez de desafiar o outro. Se precisa fazer uma pergunta que talvez cause embaraço a alguém, escolha um momento em que outras pessoas não vão ouvir. O tato não é desculpa para evitar problemas. Mas, se você levantar um assunto delicado de modo apropriado, verá que acabará discutindo o problema em vez de lidar com uma reação irritada diante da sua insensibilidade.

Este é o verdadeiro propósito do tato de uma personalidade agradável: você coloca o foco de uma interação no que realmente é importante. Tenha tato e você realizará mais e deixará uma impressão de si mesmo como alguém que tem discernimento e confiança.

FRANQUEZA

Pode parecer estranho trazer franqueza logo após tato. A maioria das pessoas acha que eles são opostos. Mas o tato é mais uma questão de *timing*, e a franqueza é uma questão de honestidade. Não é do tato mentir para alguém, nem é do tato falar tão vagamente que ninguém entende o que você diz.

A franqueza não é uma desculpa para ser rude. Você pode ser direto sem insultar. Se alguém pede sua opinião, e você tem uma objeção honesta, faça. Mas escolha com cuidado as palavras para transmitir com clareza o que você pensa sem comprar briga. Melhor dizer "Estou preocupado com o que pode acontecer caso..." do que "Será um desastre".

> *A franqueza não é uma desculpa para ser rude.*

Fique sabendo que a franqueza se estende às perguntas que você faz às outras pessoas. Não fique pedindo confete, forçando o outro dizer alguma coisa legal. Não faça perguntas quando não quiser ouvir uma resposta honesta. Isso é pura manipulação.

Manter suas emoções sob controle com a autodisciplina torna possível ser franco. Você pode expressar discordância sem causar um confronto. Pode também ter confiança de que as suas ideias se baseiam em raciocínio sólido, e não em alguma questão que você não quer reconhecer.

Pessoas francas são valorizadas por suas opiniões. Os outros acham que podem confiar nelas, principalmente quando a franqueza se estende até a oferta de elogios. Quando os outros sabem sua opinião sobre eles, mais dispostos serão para trabalhar com você ou ajudá-lo.

VOZ

Quase ninguém gosta do som da própria voz quando ouve uma gravação. Nunca soa como a gente acha que é. No entanto, você provavelmente já reparou que o mundo não está cheio de pessoas com vozes feias. Por mais perturbadora que lhe possa parecer uma gravação da sua voz, é muito improvável que você tenha uma voz desagradável.

O que você deveria se esforçar para estar atento é para o tom da sua voz em situações diferentes. Com a maioria das pessoas, a voz se eleva quando a pessoa está empolgada, e pode aumentar de volume, também. Não é legal usar um tom ou um volume de voz que sejam intrusivos. Ao contrário, procure um tom plano e confiante e certifique-se de que as ênfases nas suas frases ocorram quando e onde você deseja.

Grave a si mesmo dizendo isto: "Eu quero ver esse trabalho concluído amanhã".

Essa é uma frase que pode facilmente sair num tom agressivo. Mas é exatamente o tipo de ideia que você precisa expressar muitas vezes sem soar estridente, irritado ou empolgado. Tente colocar a ênfase em palavras diferentes de uma frase, depois ouça a gravação para ver como soa para os seus ouvidos. Pense em como você responderia a um pedido feito a você nesses tons diversos. Coloque ênfase com um som mais agudo em "concluído". Você soará mais confiante e menos ditatorial do que se puser a ênfase em "eu", ou "quero", ou "amanhã". Um tom mais grave numa palavra enfatizada soará ominoso e ameaçador.

Na maior parte do tempo, você provavelmente não terá que ser tão direto numa conversa. Mas, mesmo assim, é importante ter ciência de como está transmitindo as suas ideias. Pessoas que falam com uma voz que soa razoável e composta projetam essa mesma imagem de si mesmas. Se a sua voz tende a ficar mais aguda quando você fala de algo importante, você provavelmente passará aos outros a impressão

Revelando o maior segredo de Napoleon Hill

de que as suas emoções estão fugindo do controle. Você poderá inspirar confiança se puder controlar o tom e o volume o tempo todo.

LINGUAGEM

Profissões e vidas diversas requerem vocabulários diferentes. Seja qual for o seu propósito maior, é preciso ter certeza de que as palavras que você usa são adequadas e que surtem o efeito desejado nas pessoas com quem você conversa.

Se você não tem confiança no seu vocabulário, leia um pouco com um dicionário por perto. O jornal do dia é uma ótima escolha para a maioria das pessoas. As palavras usadas não serão tão incomuns a ponto de confundir as pessoas, mas você não aprenderá gírias, também. Se sua vocação envolve vocabulário especializado, leia tudo que puder para desenvolver seu conhecimento desse vocabulário. Não use palavras para impressionar as pessoas com sua inteligência. Use palavras que fazem sentido na conversa. Jamais insira uma palavra na sua fala quando não tiver total certeza do significado. Esse é o jeito mais garantido de parecer ignorante.

Uma fala precisa transmite um significado preciso.

Preste atenção a palavras que costumam causar dúvida e palavras que não se usam no idioma padrão. Procure ler um livro sobre elementos de estilo para obter indicadores nessa área. Você até pode se safar caso use palavras que não são o padrão em muitas situações, mas é melhor removê-las do seu uso para que elas não apareçam do nada quando você não as desejar.

O propósito de um bom vocabulário é garantir que você comunique aquilo que quer comunicar. Isso ocorre em duas frentes. A fala precisa transmite um significado preciso. Você sempre se beneficiará disso. Mas seu vocabulário também transmite uma mensagem sobre si. Quanto mais você entende isso, mais será capaz de ajustar o que está dizendo aos seus ouvintes. Num mesmo momento, pode acontecer de você precisar demonstrar *expertise* técnica para uma pessoa, e depois pode precisar garantir a outra que você é acessível e consegue falar com linguajar coloquial. Se usar as mesmas palavras para todas as pessoas, você correrá o risco de alienar pelo menos uma delas.

Sua escolha de palavras mostra às pessoas que elas podem conversar com você. Uma linguagem bem escolhida o torna acessível e respeitado. Você não precisa falar como um linguista (a não ser que seja mesmo um), mas, quando sua fala é clara e fácil de entender, torna as pessoas dispostas a conversar com você. A partir desse pequeno começo, você pode construir o tipo de relações de que precisa.

> *Um sorriso discreto e amigável é uma maneira eficaz de estabelecer uma conexão com as pessoas.*

SORRISO

Um sorriso não resolve qualquer situação complicada. No entanto, um sorriso discreto e amigável é uma maneira eficaz de estabelecer uma conexão com as pessoas. É muito melhor começar um encontro com um sorriso do que adotar um sorriso nervoso quando você percebe que as coisas não estão indo muito bem.

O mundo está cheio de pessoas que agem como se fossem morrer se sorrirem. Essa falta do sorriso contagia toda a atitude delas ao lidar com os outros. Ao cumprimentar as pessoas com um sorriso, você se separa, no mesmo instante, dessas pessoas infelizes. Ocasionalmente, consegue até sacudir uma dessas pessoas, forçando-a a devolver o sorriso. No mínimo, está transmitindo a mensagem de que não vai começar a interação com uma confrontação. E, claro, o sorriso o afeta também: ele costuma acionar o seu entusiasmo e promover a entrega de cortesias.

Não fique sorrindo quando for evidente que isso é inapropriado. Você vai parecer um bobalhão. Não faz mal a ninguém reparar em si mesmo, durante uma conversa, para ver se você está mesmo sorrindo. Ter no rosto uma expressão amigável pode ser muito útil no momento certo, principalmente quando você está pedindo ajuda.

> *Ter no rosto uma expressão amigável pode ser muito útil no momento certo, principalmente quando você está pedindo ajuda.*

OUTRAS EXPRESSÕES FACIAIS

Embora um sorriso sempre seja útil, nem sempre é apropriado. Há momentos em que você precisa mostrar interesse ou até demonstrar que não concorda em situações em que um sorriso transmitiria a mensagem errada. Outras expressões podem também ser inapropriadas: certamente, você não gostaria que o seu rosto entregasse tédio ou desgosto às pessoas sem que você soubesse disso.

Seus olhos e sua boca são os dois pontos em que o seu rosto mais mostra as suas reações. Enquanto você falar com as pessoas, certifique-se de não ficar estreitando os olhos ou franzindo os lábios sem perceber. Essas expressões podem aparecer no seu rosto se você não estiver prestando atenção a ele. Mesmo pequenas contrações podem afetar sua aparência, então, pode ajudar treinar um pouco na frente do espelho. Tenha percepção dos músculos do seu rosto para poder reconhecer e corrigir uma expressão que não lhe serve.

Um lugar seguro para ficar ciente da sua expressão é ao telefone, porque não tem ninguém de fato olhando para você. Se for preciso,

Don M. Green

nessas situações, você pode sorrir feito um louco para se treinar para não franzir o cenho ou estreitar os olhos enquanto fala. Você perceberá, também, que a expressão escolhida tem efeito na sua voz e no seu humor. Da mesma forma que agir com entusiasmo traz sensações de entusiasmo, tentar parecer interessado ou confiante infundirá na sua voz e na sua atitude essas mesmas qualidades.

Você não está tentando enganar as pessoas. Está tentando focar e transmitir os aspectos dos seus sentimentos que são mais úteis para os seus esforços. Embora seja totalmente possível que se sinta nervoso ou tenso ao longo de uma conversa, se a pessoa com quem você está conversando vir somente entusiasmo e interesse, você causará uma impressão muito mais forte.

HUMOR

Um senso de humor robusto rompe muitas situações tensas e cria laços rapidamente. Seu senso de humor não tem que ser do nível dos comediantes, e você não precisa de um repertório enorme de piadas. Em geral, será preciso apenas disposição para rir de si mesmo tanto quanto da situação em que você está para deixar as pessoas tranquilas com você.

Alguns pontos bastante óbvios: não faça piadas à custa das outras pessoas. Se sua tentativa de fazer humor fracassa, não force. Deixe para lá. Não permita que uma historinha se torne uma longa digressão do assunto em questão. E, quando você fizer piada consigo mesmo, não reforce uma ideia negativa sobre você. É muito melhor exagerar uma qualidade boa de modo jocoso do que bancar o bobo. Se fizer uma brincadeira acerca de um erro seu, passe logo para a correção: mesmo assim, você terá criado um pouco de boa vontade, e as outras pessoas se concentrarão na sua honestidade e no pensamento rápido, e não no seu erro.

Desenvolver um senso de humor saudável anda lado a lado com ser flexível. Isso mostra que você não fica paralisado com más notícias, e que desapontamento e raiva não são dominantes na sua constituição. Fará, também, que as pessoas tenham a disposição de vir falar com você sobre os problemas delas, e você será capaz de começar a trabalhar em soluções bem mais cedo.

UM BOM APERTO DE MÃO

O aperto de mão, em geral, é o único contato físico que você tem com as pessoas. Ele pode dar a elas uma impressão única de você. O bom é projetar força e confiança sem sugerir que você está se exibindo. Não é preciso fazer academia para ter um bom aperto de mão. É um gesto muito simples, e tudo que requer é que se tome a mão do outro por inteiro, de modo que as palmas se toquem. Segure a mão uma vez, com firmeza, mas sem começar uma queda de braço. Segure por um instante, depois solte.

Dar a mão a alguém cuja mão parece mole é inquietante. É como segurar um peixe morto. Não é bom passar essa imagem às pessoas. De modo similar, oferecer somente os dedos em vez da mão inteira sugere introversão ou fraqueza. Mas não tente forçar o outro a ajoelhar-se com um aperto de mão muito forte também, pois você deixará a pessoa ofendida ou intimidada.

O aperto de mão pode parecer uma habilidade antiquada, mas ocorre uma conexão visceral quando duas pessoas se tocam. Quando você determina a natureza dessa conexão, está se apresentando de uma maneira que apresenta sua imagem do jeito que você quer. Não negligencie esse pequeno gesto como um fator importante na impressão que você causa.

JUSTIÇA

No seu arranjo de MasterMind, você entende que trabalho e recompensas têm que ser distribuídos de maneira justa. Você precisa adotar essa mesma atitude em todas as suas relações com as outras pessoas. Ser conhecido como uma pessoa justa faz os outros terem confiança em você, e lhe dá um senso sólido de integridade pessoal. Quando você tem que fazer escolhas difíceis, as outras pessoas – e você – saberão que sua decisão foi baseada no que é correto, não necessariamente no que o beneficia.

Crie uma reputação de ser justo e verá mais pessoas dispostas a trabalhar com você. Elas entenderão que você não vai usar a cooperação delas contra elas. Construir pontes desse jeito lhe permite realizar coisas que pessoas egoístas não conseguem fazer. Sim, pode haver pessoas que tentem explorar seu senso de justiça, mas, se você chamar a atenção delas, elas não poderão apontar em você uma atitude similar.

A justiça anda lado a lado com a honestidade, mas também requer julgamento. Você pode ter que pegar leve com alguém, e pode também precisar saber quando estabelecer um limite. Com autodisciplina forte, é mais fácil tomar essas decisões. Você pode analisar os seus sentimentos e ver se eles estão afetando as suas opiniões e, em caso afirmativo, como estão fazendo isso. Em situações de trabalho, bem como família e amigos, há muitos motivos emocionais para defender uma pessoa ou uma ideia em detrimento de outra. Esses motivos podem ou não ter a ver com o que é apropriado da perspectiva do que é justo. Você deve distinguir entre as duas possibilidades antes de tomar uma decisão. Se você é conhecido como alguém que não favorece um ou outro, não se verá acusado de ser parcial.

A justiça é muito importante para pessoas que ocupam cargos de liderança. Quando seus subordinados sabem que você lhes dará escuta honesta e que as suas decisões serão baseadas num desejo sincero de fazer o que é certo, você será uma figura mais inspiradora. Não há substituto para o tipo de respeito que você recebe quando age de maneira justa.

> *Não há substituto para o tipo de respeito que você recebe quando age de maneira justa.*

BRILHO

Brilho é algo que Napoleon Hill associava ao espetáculo. É a habilidade de saber quando e como chamar atenção para si e para suas ideias. *Quando* e *onde* são detalhes importantes.

Se você fica sempre requisitando a atenção das pessoas, não obterá se não alcançar extremos cada vez mais extremos. No final, isso não vai funcionar, como uma criança cujos pais param de reagir a acessos de birra. Se, por outro lado, você sabe a hora certa de voltar o holofote para si mesmo, verá os outros seguindo sua liderança. Não tente ser a estrela quando é a vez de outra pessoa brilhar. Espere e escolha o momento com cuidado para obter o tipo de atenção de que você precisa quando precisa. A atenção não é útil por si só: ela tem de ser atraída quando algo importante está acontecendo.

Como você chama atenção depende de você. Pode ser uma questão simples de linguajar ou o tom de voz que você usa. Você pode mudar de aparência, mandar um memorando ou até fazer uma dancinha. O que importa é que o método usado seja apropriado à situação. Se está numa longa reunião, na qual as pessoas foram bombardeadas com informações, você pode tentar algo mais engraçado ou dramático. A mudança será bem-vinda. Se estão num *brainstorming* para buscar uma solução para uma emergência, não chame atenção para si: foque na sua ideia. É disso que as pessoas precisam agora.

> *A autoconfiança lhe permite demonstrar seu brilho.*

A autoconfiança lhe permite demonstrar o seu brilho. Você precisa estar disposto a sair para o mundo e chamar atenção. Intensificar seu entusiasmo também ajuda. Não se force a fazer algo que não é natural; você chamará atenção somente para a esquisitice da coisa. Mas não hesite em se impor com firmeza quando chegar o momento. O brilho é uma qualidade muito pessoal. O seu não tem que ser igual ao de mais ninguém. Só precisa funcionar para você e quando você resolver empregá-lo.

HUMILDADE

Esse é o oposto do brilho. Mas não significa esconder-se no banheiro quando a empresa estiver entregando prêmios. Significa eliminar arrogância e vaidade do seu comportamento. Por mais estranho que pareça, a humildade requer autoconfiança tanto quanto o brilho: você deve ser capaz de deixar que as suas realizações falem por si mesmas.

Se alguém o elogia, a resposta mais humilde é agradecer com sinceridade. A importância de um elogio jaz no reconhecimento que lhe é concedido. Se você não reconhece o elogio, não está demonstrando respeito pela pessoa que o fez. Se recebe o elogio como um convite para listar todas as suas outras realizações, você dá a entender que a pessoa não sabia o suficiente para fazer o elogio.

Humildade não é o mesmo que timidez. Madre Teresa era uma pessoa muito humilde, mas isso não a impediu de caminhar pelas ruas de Calcutá para ajudar os pobres. Não a impediu de conversar com papas e primeiros-ministros nem de desafiá-los a fazer mais para ajudar os pobres. Parte da humildade jaz no entendimento de que o

> *Você deve ser capaz de deixar que as suas realizações falem por si mesmas.*

Revelando o maior segredo de Napoleon Hill

que é importante para você não é necessariamente importante para os outros. Quando Madre Teresa pedia ajuda para fazer seu trabalho, ela não fazia um apelo pessoal. Ela não dizia "Preciso de ajuda". Como figura amada que era, fazia seus pedidos em nome dos pobres. Mantinha o foco onde este precisava estar.

E a humildade não vem de se menosprezar. Haverá momentos em que você precisará se elevar! Mas você pode, ainda assim, fazer isso humildemente, concentrando-se em realizações e metas, não no que essas coisas falam sobre você. Uma pessoa humilde demonstra perspectiva e julgamento sólido. Essa pessoa ganha respeito e cooperação ao reconhecer que tem algo a provar, e que ela prova com atitudes, não com palavras.

FÉ

A fé aplicada é uma característica muito encantadora. Quando você mostra que pode agir de maneira otimista e fazer as coisas acontecerem, lembra a todos que essa mesma escolha está disponível para eles. As pessoas vão querer trabalhar com você, compartilhar sua produtividade e sua animação.

A fé aplicada está na raiz de uma personalidade agradável por esse motivo. As pessoas são atraídas por alguém que as faz lembrar os melhores aspectos de si mesmas. Você está pondo em ação o que a maioria das pessoas apenas sonha para si mesma. Ver crenças que viraram realidade é inspirador e animador.

Ver crenças que viraram realidade é inspirador e animador.

Todos os elementos mais importantes de uma personalidade agradável estão manifestos na fé aplicada: AMP, flexibilidade, sinceridade, honestidade e humildade. A fé aplicada é a manifestação exterior daquilo em que você acredita. É a sua personalidade traduzindo-se em atos – atos importantes. Você não pode ignorar completamente os outros elementos de uma personalidade agradável por causa da fé aplicada, mas, quando tiver feito dela o seu modo de agir principal, muitos desses outros elementos começarão a entrar na linha.

O jeito como você se apresenta ao mundo está inteiramente sob seu controle. Pode haver coisas na sua aparência que você não pode mudar; talvez você tenha que trabalhar em torno de ideias que as outras pessoas fazem de você com base em gênero, raça, idade ou habilidade física. Mas, ainda assim, pode mostrar a qualquer um que você é uma pessoa positiva, que reflete e age. Com essa demonstração, ganhará influência e respeito, cooperação e oportunidade.

Algumas das qualidades mencionadas neste capítulo podem parecer menos importantes que outras, mas todas elas lhe fornecem meios de demonstrar partes importantes de si mesmo. Ao trabalhar em uma, você verá que ela necessariamente traz consigo alguns outros elementos, e tudo isso é para o bem. Uma personalidade não é um conjunto de qualidades individuais: é um todo integrado, a soma de traços que se somam em algo único. Mesmo quando você tiver adotado todos os elementos dispostos aqui, continuará sendo unicamente você, porque no núcleo das suas ações está o seu propósito maior definido.

Seja qual for a meta almejada, você está agora muito mais no caminho para entender como pode fazer acontecer. Essa noção somente deveria convencê-lo a usar todas as ferramentas que puder. Sua personalidade não é apenas uma ferramenta. É também uma reflexão acerca de como você está crescendo e ficando mais forte ao aprender. Deixe que as lições que você aprende aqui se tornem parte de você, e alcançará as suas metas totalmente convencido de que foi você, e não a sorte, que fez tudo acontecer.

CAPÍTULO 11

VIVENDO UMA VIDA DE VALOR AGREGADO

"Um homem é grandioso somente quando faz de seu pedaço do mundo um lugar melhor."

– Napoleon Hill

Dar um passo a mais significa fazer mais do que o esperado e dar melhor serviço do que é requisitado pelas circunstâncias. É uma atitude com suas relações com as outras pessoas que deve tornar-se um hábito antes de você poder alcançar suas metas. Essa abordagem lhe custará tempo, esforço e talvez até dinheiro em curto prazo, mas, em longo prazo, o prepara para coisas grandiosas. Quando isso tornar-se parte do seu pensar, quando for seu estado de espírito constante, você estará pronto para ser excelente.

Como, exatamente, você vai dar um passo a mais depende das suas habilidades, situação e metas. Você pode trabalhar sem salário. Ou pode fazer mais trabalho do que é pago para fazer. Pode trabalhar ainda mais do que o seu emprego demanda, com uma atitude melhor do que a que os outros esperam. Pode fornecer serviço gratuito para seus clientes e fregueses. Pode trabalhar para desenvolver suas habilidades sem receber para isso, e depois usar essas habilidades sem esperar um aumento por isso.

O que é importante é fazer esse algo a mais sem esperar ser recompensado. Dar um passo a mais não é desculpa para pedir aumento nem qualquer outro tipo de vantagem. Tem que ser algo que você oferece livremente, apenas para fazer um trabalho melhor.

Numa era em que as pessoas protegem seus direitos e privilégios quase com ciúme, pode parecer estranho pensar em oferecer mais de você do que se espera que seja oferecido. A filosofia prevalecente diz que todos deveríamos procurar obter o máximo de retorno em nossos investimentos, seja em tempo, dinheiro ou esforço; fazer qualquer outra coisa é uma irresponsabilidade e, bem, uma tolice. Por que dar de graça algo que você poderia investir, com lucro, em outro lugar?

Bem, você está investindo. Só que o retorno que vai ver não aparece num extrato ou num pagamento logo de cara. Mas não vai demorar para você entender como se beneficia disso.

A LEI DOS RETORNOS CRESCENTES

Apesar do nome, este não é um princípio que o seu analista financeiro discutirá com você. A lei dos retornos crescentes é um fenômeno pelo qual a quantidade e a qualidade do seu serviço extra voltam para você multiplicadas muitas vezes. Em outras palavras, uma boa ação merece outras dez. Ou vinte. Ou cem.

Isso pode soar fantasioso e irrealista, mas o conceito é bem real. Digamos que plantou uma semente de macieira. Leva um tempo para a macieira crescer, mas, com poucos anos de idade, ela começa a dar frutos. A primeira maçã dessa árvore tem dez vezes mais sementes do que você plantou, e você terá mais maçãs todos os anos por décadas, cada uma cheia de sementes.

Don M. Green

O serviço e o trabalho que você faz ao dar um passo a mais não são multiplicados de modo muito previsível. A quantidade e o *timing* das recompensas são sempre idiossincráticos, mas as recompensas vêm. A chave para beneficiar-se com a lei dos retornos crescentes é a sua atitude. Se você reclama do trabalho que faz, ou se está sempre em busca de retorno imediato, envenenará as suas chances de receber recompensas. Você precisa oferecer trabalho e serviço extra com alegria, disposição, e sem ficar de olho no bolso. Pense nisso desta maneira: você não ganha nada por dar o passo a mais, você se prepara para receber algo.

Você se prepara aprendendo a trabalhar bastante, mantendo sua atitude mental positiva e ficando alerta para a chance de fazer algo melhor. Quando dar um passo a mais é um hábito, você se treina para sempre se perguntar como as coisas podem ser feitas de um jeito melhor. Essa atitude – seja você cirurgião ou costureira – o força constantemente a se desenvolver. Você fortalece as suas habilidades, desafia maneiras aceitas de fazer as coisas e fica muito melhor que antes no seu trabalho. Assim como um atleta se condiciona para ganhar, você se condiciona para o sucesso. O pequeno treino diário leva à vitória.

E é então que outra lei entra em ação.

A LEI DA COMPENSAÇÃO

A lei da compensação defende que tudo que você faz lhe traz um resultado de tipo similar. Essa ideia está no núcleo das ideias de Napoleon Hill. Você não ganhará nada que vale a pena sem dar em troca algo que vale a pena. Se tentar trapacear para alcançar o sucesso, essa lei o alcançará no fim e você perderá tudo que ganhou com maldade mais rápido do que roubou.

Mas se oferecer algo a mais constantemente, algo que está além do dever, você será recompensado com coisas que estão fora do padrão conhecido de remuneração. Essa recompensa nem sempre aparece de imediato, mas ela chega inevitavelmente.

Mais uma vez, sua postura é importante. Não dê um passo a mais esperando que alguém chegue e diga: "Puxa, você realmente se esforçou bastante nisso aqui. Pegue esse bônus". As pessoas conseguem captar essa expectativa da sua parte, e ficarão ressentidas. É como ser porteiro e ficar sempre com a mão balançando junto ao corpo, esperando a gorjeta. É muito mais provável que a compensação venha na forma de novas oportunidades e mais trabalho. E isso é ótimo, contanto que você entenda que está ganhando uma habilidade maior de oferecer aquilo que resolveu dar para alcançar o seu propósito maior.

Se você anda pensando que não tem sido recompensado adequadamente pelo trabalho que faz, pergunte-se por que você faz esse trabalho, para começo de conversa. Se for apenas pelo salário, você será avaliado em termos de salário. Mas, se faz isso por algo a mais, como parte de um propósito maior, você começará a encontrar outras recompensas. Isso não significa que não deveria buscar remuneração financeira justa, mas a lei da compensação pode não ser capaz de lhe oferecer nada enquanto você não tiver um entendimento mais claro do que realmente quer.

ATENÇÃO FAVORÁVEL

Dar um passo a mais o faz se destacar. O mundo está lotado de pessoas que se contentam em fazer o mínimo. Em geral, elas recebem de volta apenas o mínimo. É como a criança da escola que levantava a mão e perguntava se o assunto ia cair na prova. Ela não estava interessada em aprender. Só queria ser capaz de escolher as alternativas certas na avaliação.

A atenção positiva vem de duas maneiras principais quando você dá um passo a mais. Primeiro, você ganha a reputação de fazer um trabalho extraordinário. Os superiores se lembram dos seus esforços e lhe confiam responsabilidades maiores. Você recebe oportunidades que pessoas menos ambiciosas não recebem. Com essas responsabilidades e oportunidades, vêm mais chances de mostrar os seus talentos.

Segundo, sua atitude de poder fazer é notada. Você fica conhecido como uma pessoa que não reclama de novas tarefas e como alguém que está disposto e ávido para arregaçar as mangas. Ganha a reputação de alguém que resolve problemas, de alguém que não reclama de um desafio. Isso o colocará em posição de se ver envolvido em novos projetos, nos quais será você a estabelecer padrões para os outros alcançarem.

Destacar-se da multidão o prepara para caminhar à frente dessa multidão. Seja você bibliotecário ou entomologista, encanador ou membro da associação de pais e professores, ser reconhecido pela qualidade e quantidade do seu trabalho significa ser tratado com mais respeito e receber mais liberdade. Se duas pessoas de habilidades equivalentes estiverem competindo por uma promoção, o trabalho vai para aquela que usa suas habilidades de maneira mais eminente e generosa. E por que seria de outro jeito?

INDISPENSABILIDADE

Quando dar um passo a mais é um hábito, os outros começam a contar com seu esforço extraordinário. Você se torna parte crucial das decisões e das operações deles. Você pode ser indispensável no seu primeiro emprego tanto quanto pode tornar-se indispensável como CEO de uma grande empresa.

Infelizmente, ser indispensável pode, também, subir à cabeça da pessoa. Mas isso não lhe acontecerá se você prestar atenção e tiver a postura adequada. Você não pode usar a posição de ser parte integral de uma empresa para fazer exigências. Você não está se valorizando para poder ser um tirano mesquinho. Se explorar sua importância, os outros rapidamente imaginarão um mundo em que você não existe. Quando o imaginarem, eles darão um jeito de torná-lo real.

> *Não há como alcançar cada vez mais alto sem se forçar a crescer.*

Concentre esforços para ser indispensável nas partes mais satisfatórias e empolgantes do seu trabalho. Não se prenda em responsabilidades de que não gosta ou que possam restringi-lo. Isso envenenará seus esforços para dar um passo a mais, porque você terá a sensação de que o trabalho e o esforço extra estão lhe pondo limites. Mire alto para que as pessoas possam imaginá-lo sendo ainda mais indispensável após uma promoção.

E sempre tenha em mente as pessoas que estão trabalhando para lhe serem indispensáveis. Não se ressinta delas por esse esforço: encoraje! Dê recompensas quanto puder para esses que merecem, e você vai apenas encorajá-los a trabalhar ainda mais por você. Isso lhe dará espaço para ser ainda mais importante para aqueles que têm um papel a exercer no seu desenvolvimento.

DESENVOLVIMENTO PESSOAL

Quando você está decidido a sempre dar um passo a mais, aborda todas as tarefas com uma determinação de fazer isso melhor do que jamais fez. Você não faz essa escolha porque alguém vai lhe dar uma estrelinha dourada. Faz isso porque sabe que é o melhor jeito que existe para desenvolver sua habilidade de fazer seu trabalho.

Não há como alcançar cada vez mais alto sem se forçar a crescer. Você precisa ficar se examinando, procurando fraquezas, reforçando seus pontos fortes. Ao fazer isso, acaba entendendo que aquele passo a mais é sempre um pouco maior a cada dia. Mas isso não o deixará cansado: vai ser empolgante. Você terá de aplicar a imaginação, a autodisciplina, o entusiasmo e a AMP para que dê certo, e todas essas qualidades serão revigoradas pelos seus esforços diários.

Nunca vi ninguém cujo plano para o sucesso fosse mapeado como uma agenda com horários. Há sempre períodos em que você precisa esperar um pouco. Você pode ter que esperar que as pessoas fiquem sabendo da qualidade do seu trabalho. Talvez tenha que alcançar certos requisitos profissionais. Talvez dê um tempo para economizar dinheiro. Mas o que pode parecer perda de tempo é tão importante quanto o dia em que você faz a prova para a carteira de motorista ou compra uma empresa.

Dar um passo a mais fará você confiar nas suas habilidades e ideias mais do que nunca. Uma secretária que vai à faculdade à noite enquanto dá um passo a mais durante o dia está se desenvolvendo. Um instrutor de esqui que passa o verão dando um passo a mais como garçom está se desenvolvendo. Talvez você não esteja usando habilidades que pareçam essenciais para alcançar o seu propósito maior, mas, contanto que dê um passo a mais, estará se desenvolvendo.

> *Dar um passo a mais fará você confiar nas suas habilidades e ideias mais do que nunca.*

AUTOCONFIANÇA

Não tem como você se desenvolver constantemente sem ficar mais autoconfiante. Não tem como! Dar um passo a mais fará você confiar nas suas habilidades e ideias mais do que nunca. Você verá os resultados disso todos os dias que sair por aí.

OPORTUNIDADE

É muito difícil guardar segredo sobre a notoriedade de dar um passo a mais. É uma qualidade tão extraordinária – e, infelizmente, tão rara – que as pessoas vão falar dela. Rumores acerca da sua dedicação vão se espalhar, e, cedo ou tarde, você se verá recebendo oportunidades que pareciam impossíveis quando começou a sonhar.

A oportunidade pode aparecer sob a imagem de um recrutador de talentos. Pode ser a ligação de um cliente novo, a chance de ter uma bolsa de pesquisa ou um cargo num lugar em que você sempre quis trabalhar. A manifestação da oportunidade em geral é resultado da combinação das leis do retorno crescente e da compensação, bem como atenção favorável. Mas por ser tão essencial para a consecução do seu plano para o sucesso, vale a pena enfatizá-la como benefício em si.

Algumas oportunidades podem ser previsíveis, como uma promoção ou uma oferta de emprego. Outras podem parecer que vieram do nada. Como exemplo, Napoleon Hill ofereceu, certa vez, palestras gratuitas no restaurante de um amigo, e, na plateia, havia um alto executivo que ele veio a conhecer, e isso levou a uma oportunidade valiosa de palestrar e escrever.

Quando as oportunidades vierem, você terá que avaliá-las. Resista à tentação de dizer "sim" apenas porque é empolgante receber a oferta. É muito fácil acabar sendo desviado do seu plano desse jeito. Você deve, claro, ficar à vontade para mudar o seu plano, mas, por favor, faça essa escolha somente porque sabe que é algo que você quer muito.

A oportunidade não bate à porta somente uma vez. A oportunidade não é um evento aleatório. É algo que você cria com trabalho duro. Perceba que, ao dar um passo a mais, você se preparou para muitas oportunidades. Se escolher conscientemente deixar uma passar, encon-

INICIATIVA

A busca de maneiras pelas quais você pode dar um passo a mais requer que você pense muito e aja com decisão. E quanto mais mantiver esse hábito, mais você precisará empregar essas qualidades. Juntas, elas o forçam a ser muito ativo: ativo no trabalho extra que você faz e ativo para encontrar mais e mais dele.

Essa propensão para a ação é crucial para as suas chances de sucesso. Seu plano não significa nada se você não sair por aí para fazer acontecer. É fácil demais deixar as chances escorregarem e pensar que encontrará outra coisa amanhã. Mas essa postura sempre leva ao fracasso.

> *Lembre-se de que você e sua postura são as verdadeiras fontes da oportunidade.*

Quando examina todos os detalhes do seu trabalho e se pergunta o que pode fazer melhor, você se dá um desafio diário, e o enfrenta. Isso faz de você alguém que vai atrás de mais. Faz de você, também, alguém que não desiste. Você não relaxa diante de uma conquista. Você a vê como algo para ultrapassar, e esse ponto de vista o leva adiante. Isso significa que você assume riscos, desafia o *status quo* e faz coisas que ninguém nunca tentou.

Tudo isso vem de dar um passo a mais. É simplesmente impossível agir com essa ideia e ser o tipo de pessoa que deixa as coisas escaparem. Você enxerga as coisas por inteiro e se torna aquele que faz acontecer. Isso é a iniciativa, e você terá iniciativa aos montes.

Revelando o maior segredo de Napoleon Hill

SEGUINDO A ESTRADA

Suponhamos que você tem um emprego muito regulado num lugar em que a inovação é desencorajada e não existe uma atmosfera que promova a iniciativa. Vamos chamar esse lugar de Marasmo S.A. Como você pode dar um passo a mais numa empresa que praticamente implora que você fique lá sentado sem fazer nada?

1. Chegue cedo. Esteja na sua mesa uma hora antes do seu horário e comece a trabalhar. Não chame atenção para essa mudança, apenas use esse tempo para fazer o que precisa ser feito. Logo você verá o trabalho seguir com mais tranquilidade, e perceberá que terá mais tempo, no final do dia, para fazer ainda mais.

2. Identifique algo que precisa ser feito e faça. Não é preciso reorganizar o sistema de suprimentos da empresa ou qualquer outra coisa maior. Apenas procure uma tarefa rotineira que esteja à espera de um funcionário e comece.

3. Quando tiver encontrado essa tarefa, procure uma maneira de fazê-la ainda melhor. Se for preciso mudar procedimentos, busque a aprovação da pessoa certa. Não entre nessa conversa com a meta de chamar atenção para sua responsabilidade pelo trabalho. Volte a discussão para o benefício que essa mudança vai trazer.

4. Implemente essa mudança e depois examine os efeitos dela. Procure uma área que foi afetada pelo que você fez e a examine com a mesma postura que você tinha inicialmente. A intenção não é se mostrar; é fazer uma melhoria.

A essa altura, a Marasmo S.A. terá uma noção de que você tem algo de especial. Eles podem achar isso confuso, mas, se a sua postura é a de simplesmente melhorar o jeito como as coisas acontecem, as pessoas não ficarão muito desconcertadas. Suas mudanças podem surpreender um ou outro colega, mas não se permita ser atraído por discussões sobre quais são seus verdadeiros motivos. Você está fazendo isso apenas em prol da eficiência.

5. A essa altura, você será capaz de enxergar o seu trabalho com um olhar mais afiado. Procure algo que você faz na rotina e faça melhor. Pode ser algo bem pequeno, mas concentre-se nisso. Tendo isso resolvido, procure o passo seguinte que for mais evidente.

6. Por ora, as pessoas começarão a fazer perguntas sobre o que você está fazendo. Elas ficarão interessadas em por que seus relatórios estão mais práticos ou por que você reduziu o número de ligações para o departamento de atendimento ao consumidor. Partilhe as suas ideias sem esperar nada em troca. Isso se refere a tudo: de um elogio a uma promoção. Seu único motivo para se aplicar desse jeito é aprender a fazer melhor.

Depois disso, você não terá mais que se esforçar para encontrar maneiras de dar um passo a mais. Terá acrescentado isso à variedade de coisas que você precisa fazer no dia, mas vai trabalhar com mais eficiência e mais alegria. Não fique esperando que alguma coisa boa lhe aconteça. Você já está se beneficiando com essa nova atitude em relação ao jeito como aborda o seu trabalho. Outras coisas boas virão, mas no próprio ritmo. Uma panela só começa a ferver quando você para de olhar, e as leis do retorno crescente e da compensação têm um cronograma próprio.

Talvez você não trabalhe numa empresa que lembre a Marasmo S.A. Talvez passe o dia todo cuidando da família ou passando de uma reunião de vendas à seguinte. Mas não importa. Comece identificando algo que pede melhoria, e lhe dê sua atenção total. Não se esqueça das suas outras responsabilidades. Acrescente isso a elas. Não envie mensagens por aí anunciando sua nova postura. Deixe que ela fale por si mesma. O mais importante é tornar esse dar um passo a mais um hábito para você.

CAPÍTULO 12

PENSANDO COMO CHEFE

"O que você pensa hoje se torna o que você será amanhã."

– Napoleon Hill

Quem manda na sua vida?

Ah, talvez você pense que é você, mas me pergunto se isso é verdade. Você trabalha só para pagar contas? Faz um trabalho que odeia? Seu dia desaparece numa longa lista de tarefas rotineiras e pouco interessantes? Sente como uma vitória quando finalmente dá conta de algo que é importante para você?

Todos nós temos responsabilidades. Se existe uma maneira de nunca mais ter que pagar uma conta na vida, não conheço. Todo trabalho tem detalhes que são entediantes. É impossível evitar tarefas sem importância, desagradáveis. Mas a verdadeira questão é quais prioridades estão recebendo a maior atenção.

Até que você seja capaz de garantir que está escolhendo o que tem de ser feito e quando fazer, terá dificuldade de alcançar as suas metas. Pode até estar no emprego perfeito, ganhar um salário ótimo e receber muito apoio dos colegas. Mas, se não determinar a ordem do dia, não ficará satisfeito. Você tem que começar a pensar e agir

Adequadamente direcionada, a iniciativa pessoal transforma até mesmo a pessoa mais tímida e preguiçosa num modelo de realização dinâmico e orientado à ação.

como se estivesse a cargo da sua vida. Do contrário, forças exteriores sempre o manterão confinado numa rotina na qual suas necessidades receberão a última prioridade.

Tornar-se o chefe da sua vida não significa que você se transforma numa pessoa egoísta que nunca tem tempo para mais ninguém. Não elimina obrigações que são inegavelmente suas para cumprir. Mas força-o a repensar o que está acontecendo na sua vida e a escolher, sempre que possível, o que acontecerá em seguida. Em geral, significa assumir novas responsabilidades. E ser o chefe da sua vida torna muito mais provável que seu esforço e seu trabalho duro deem resultados do jeito que você quer.

INICIATIVA PESSOAL

Napoleon Hill dizia que pensar como chefe era *iniciativa pessoal*. Ele enfatizava a importância de buscar uma oportunidade ou uma necessidade, e depois se colocar a cumpri-la. Adequadamente direcionada, a iniciativa pessoal transforma até mesmo o mais tímido e preguiçoso num modelo de realização dinâmico e orientado à ação. A questão principal é como você usa a iniciativa pessoal na sua busca por seu propósito maior.

A iniciativa pessoal precisa ser aplicada em dois níveis. Primeiro, num nível diário, tarefa após tarefa, você deve se esforçar para realizar tudo que puder de maneira ordenada e que o destaque das pessoas ao redor. Segundo, você deve se certificar de que, em larga escala, seus esforços o estejam levando para mais perto daquilo que você quer.

Este capítulo vem depois da lição sobre dar um passo a mais porque a iniciativa pessoal está relacionada muito intimamente ao esforço para fornecer mais e melhor serviço em toda chance que você tiver. Mas não é exatamente a mesma coisa. Dar um passo a mais apura o seu pensar para usar a iniciativa pessoal, mas pensar como chefe é uma abordagem mais focada, mais deliberada. Você pode dar um passo a mais para um completo estranho que nunca mais verá na vida. Pensar como chefe requer uma meta maior e mais informação.

DIA APÓS DIA

Tanto se você trabalha para si mesmo quanto se trabalha para uma empresa, ou se cuida da sua família, pode usar a iniciativa pessoal para alterar a natureza de como o seu dia é gasto. Fazer essas mudanças o ajuda em duas frentes. Primeiro, lhe permite garantir que coisas importantes aconteçam primeiro. Segundo, lhe dá as habilidades para examinar sua vida e seu trabalho numa escala maior, para que você possa começar a trabalhar rumo àquilo que realmente quer.

Comece criando uma lista de todas as suas tarefas feitas num dia típico, para ter uma noção precisa do que precisa fazer. Agora divida todos os itens da lista em três categorias: crucial, útil e baixa prioridade.

Ao fazer essas divisões, você precisará pensar bem sobre onde vai cada coisa. As cruciais causam grandes problemas se você não as cumpre. As coisas úteis podem ser satisfatórias de cumprir, mas geralmente não fazem o mundo parar nos trilhos se você as omite. As tarefas de baixa prioridade são coisas rotineiras que você acaba fazendo talvez porque ninguém mais cuide delas ou porque são apenas hábitos.

Ocupado como você é, o inimigo número um da iniciativa pessoal não é falta de tempo – é a procrastinação. Veja os itens da sua lista crucial. Pergunte-se o que o impede de lidar com eles primeiro, assim

Revelando o maior segredo de Napoleon Hill

que acorda, pela manhã. Se alguma dificuldade de organização o impede de fazê-los, pergunte-se se você está cuidando deles na primeira oportunidade. Se seu chefe organizasse o seu dia, quando essas tarefas seriam feitas? (Se você não tem chefe, finja que está explicando o seu cronograma a algum superior.)

A procrastinação ocorre com mais facilidade em tarefas de que você desgosta. Pense na coisa crucial que você mais odeia e faça essa primeiro. Em seguida, faça a coisa crucial que você mais odeia em segundo lugar, e assim por diante. O ponto desse tipo de ordenação do dia não é encher sua manhã com chatices. Você está eliminando o hábito da procrastinação e, desse modo, criando tempo para as coisas que aprecia.

Quando tiver passado pelos itens cruciais, passe para a lista útil. Considere se alguma dessas coisas tomaria mais o seu tempo se você as fizesse um dia ou outro. Procure coisas que você costumava evitar fazer na sua lista crucial. Talvez descubra também que algumas coisas da lista útil são eliminadas ou colocadas para baixa prioridade, por haver atenção estrita aos itens cruciais. (Atenção pronta e regular aos itens cruciais também tende a reduzir a quantia destes.)

Pode haver alguns itens da lista útil que você estava usando para compensar pelos itens odiados da lista crucial. Com sua nova dedicação, talvez você possa cortar algumas dessas tarefas úteis do seu cronograma, ou pelo menos reduzir sua frequência.

No que tange à baixa prioridade, delegue e elimine. Encontre subordinados, parentes ou prestadores de serviço que possam assumir essas tarefas. Seu assistente pode retornar ligações e responder a correspondência de rotina? Quanto custaria ter um secretário para escrever cheques uma vez por mês? E talvez seja a hora de outra pessoa sediar as reuniões da vigilância da vizinhança de vez em quando.

A intenção desses exemplos é apenas provocá-lo a pensar em quais são as suas prioridades. Se você adora uma tarefa de baixa prioridade, não abra mão dela. A satisfação pessoal não é inimiga da iniciativa pessoal. Provavelmente você terá que experimentar com o seu cronograma, negociar responsabilidades com o chefe e descobrir se uma tarefa delegada está sendo feita suficientemente bem.

Mas dar uma boa olhada para onde seu tempo e sua energia estão indo pode ser intensamente revelador. Se descobrir umas verdades desagradáveis sobre o jeito como está trabalhando, não se maltrate. Procure soluções e não tenha medo de implementá-las. Não sustente uma mudança insatisfatória apenas para provar que você tem iniciativa. Você está fazendo mudanças para o seu benefício, não apenas pela mudança em si.

METAMORFOSE

Napoleon Hill distinguia três tipos de pessoas. O primeiro nunca tem sucesso porque não faz o que lhe falam para fazer. O segundo falha porque *só* faz o que lhe falam para fazer. É o terceiro grupo que consegue o que quer na vida. Ele faz o que precisa ser feito sem que lhe falem para fazer, e faz melhor do que se espera que faça.

> *A iniciativa pessoal torna extraordinárias até habilidades medianas.*

Claro que o bom é estar nesse terceiro grupo.

Tornar-se uma pessoa que sabe o que precisa acontecer e faz acontecer por conta própria é um jeito excelente de criar sucesso. Simplesmente não basta ser bom. É preciso ser extraordinário. Você não precisa ser o mais esperto, o mais imaginativo, o mais talentoso ou o mais bem conectado. Todas essas qualidades são inúteis se não

Revelando o maior segredo de Napoleon Hill

são aplicadas. Você precisa ser a pessoa que sabe como colocar-se no lugar certo, na hora certa. A iniciativa pessoal torna extraordinárias até habilidades medianas.

A iniciativa pessoal lhe ensina a aplicar todos os seus recursos, bem como a compensar pela fraqueza. Ela o faz ativo ao promover sua causa, cria atenção para os seus esforços e o coloca em posição de aproveitar as oportunidades certas. Ela o conduz para além das decepções, ativa sua imaginação e lhe mostra como empregar melhor as habilidades e os trabalhos das outras pessoas.

Sempre haverá pessoas para lhe dizer o que fazer. Dê ouvidos somente a elas e verá o seu dia inteiro tomado por tarefas designadas a você. Seu chefe, sua família e seus amigos vão enterrá-lo debaixo de uma lista de tarefas que satisfazem as necessidades deles. E quanto mais eles entenderem que você é um veículo fácil para obter o que eles precisam, mais tarefas designadas você se verá fazendo.

A iniciativa pessoal começa quando você designa tarefas a si mesmo. Elas ainda envolverão as necessidades de outras pessoas, mas as necessidades que você satisfará serão equilibradas por necessidades suas. Você pode dizer não a alguns pedidos. Pode concluir outros com um olho nos seus requerimentos. Mas, assim que começar a pensar sobre todos eles, e perguntar se são importantes, você começará a ter um pouco de controle sobre o que é feito e por quê.

É sempre necessário ter visão mais ampla com a iniciativa pessoal. No trabalho, você deve cuidar das suas responsabilidades para manter o emprego. Mas é sempre possível fazer isso de uma maneira que lhe traga benefícios. Se começar a terminar as coisas mais rápido e fazendo melhor, você vai tirar um pouco da pressão que tem sobre os ombros e receber certa atenção favorável dos superiores. Isso pode trazer uma promoção e mais responsabilidades, mas significa também mais independência e mais autoridade.

Se você já se viu questionando por que seu chefe se preocupava tanto com trabalhos mais detalhados que, para você, apenas pareciam chatear, começará a pensar diferente se contemplar qual seria a sua perspectiva se você tocasse o departamento ou a empresa. Você teria nova apreciação por tarefas que pareciam não passar de trabalho a mais. Bem, você é o chefe da sua vida. Se a sua aventura será bem-sucedida, você precisa começar a acessar todos os detalhezinhos como se tivessem importância. Porque eles têm – para você.

Quando começar a pensar como chefe da sua vida, você provavelmente descobrirá umas coisas sobre o trabalho que faz para os outros. Isso lhe permitirá fazer melhor o trabalho, mas pode também lhe dar umas ideias sobre como mudar as coisas. As mudanças podem ser pequenas e sutis, ou grandes e amplas. Pare para pensar nas implicações e comece uma discussão acerca dos benefícios que você identificou.

Pensar como chefe encoraja os seus chefes e seus colegas a tratá-lo com mais respeito. Eles passam a entender que você não está apenas querendo delegar o trabalho para outra pessoa. Eles o levarão a sério e escutarão mais, com mais atenção, o que você tem a dizer. Nem toda sugestão que você fizer será implementada, mas não deixe que isso o incomode. Escute o *feedback* que receber e o incorpore no seu pensar. Talvez você constate que a informação precisa é mais valorizada que um relatório apressado, ou que respeitar regulamentações legais é mais complicado do que você achava.

Algumas empresas são mais abertas à iniciativa do que outras. Comece devagar e faça com que os outros vejam que você está mais interessado em melhorar as coisas, não somente em fazer do seu jeito. Suas contribuições podem suscitar ideias nas outras pessoas. Não deixe que isso o intimide. Se alguém tiver uma ideia melhor, admita-a com alegria. Você não está tentando dominar o mundo. Principalmente no início, está mais preocupado em mudar seu jeito de pensar.

Revelando o maior segredo de Napoleon Hill

Em algum momento, entretanto, você chegará a um ponto em que assumirá um cargo de liderança ou ganhará mais independência. A iniciativa pessoal será mais importante do que nunca. Certifique-se de que sua assertividade não está esmagando o que vem dos outros. Busque sugestões e pese-as com cuidado. Quando decidir agir, no entanto, certifique-se de que está disposto a aceitar a responsabilidade se algo não funcionar.

A responsabilidade vem junto da iniciativa. Quando você toma decisões com base nas suas prioridades, tem que aceitar que riscos, complicações e fracassos são tão seus quanto os benefícios. Em qualquer empresa, as pessoas que estão dispostas a sustentar o próprio peso são muito mais valiosas do que aquelas que simplesmente o jogam para os outros. Evite ter responsabilidade pela sua iniciativa e você vai encorajar os outros a limitá-la.

Admitir responsabilidade, por outro lado, implica que você sai de uma situação ruim com a melhor perspectiva possível. As pessoas que colocam confiança em você estarão dispostas a fazer isso de novo quando souberem que você consegue identificar, reconhecer e corrigir seus erros sem ser forçado a fazer isso. Você verá, também, que estar disposto a reconhecer os próprios erros lhe permite corrigi-los antes que eles se multipliquem. Ao se esconder das más notícias, você dá tempo para o desastre se multiplicar. Ao confrontar o problema, você o corta pela raiz. Pode soar como um oximoro dizer que assumir a responsabilidade pelo fracasso é libertador, mas é muito pior passar o tempo se escondendo das consequências de uma decisão infeliz.

Você pode transformar um erro numa oportunidade de promoção com a iniciativa pessoal. A honestidade e a disposição para enfrentar o que vem junto a essa qualidade colocam-no numa ótima posição para fazer isso. Quando a pressão aumenta, o pessoal lá de cima procura alguém que pensa rápido, com as prioridades certas.

A iniciativa pessoal começa pequena e nunca para de crescer. Ela modela suas ações diárias de tal maneira que você sempre sabe que está fazendo progresso rumo às suas metas. Ela lhe traz liberdade – mesmo quando parece que todo mundo neste planeta é seu chefe –, e até mesmo o tempo que você passa exercendo essa iniciativa em prol das metas de outra pessoa começa a gerar benefícios para você.

O maior desses benefícios é a sensação de realização. Essa recompensa será sua muito antes de alguém reconhecer sua iniciativa, e ficará com você de trabalho em trabalho, de hora em hora. O que poderá bloquear o seu caminho quando você sabe como reconhecer o que precisa ser feito e sabe que pode dar um jeito de fazer isso?

> *Quando a pressão aumenta, o pessoal lá de cima procura alguém que pensa rápido, com as prioridades certas.*

CAPÍTULO 13

DEIXANDO A MENTE EM FORMA

"Cabeça vazia, oficina do diabo."

– Napoleon Hill

Eu estava fuçando numa banca de jornal esses dias quando me ocorreu que havia algo faltando. Praticamente todas as supostas revistas de *fitness* tinham um artigo na capa promovendo uma nova dieta milagrosa que prometia me deixar sarado em uma semana. Havia tantas revistas de *fitness* que achei que, se comprasse todas, já começaria a malhar só de carregá-las para casa.

O que não vi foi uma promessa sequer de deixar nossa mente em forma. Milhões de dólares e inúmeras horas de trabalho eram gastas pelas editoras de revistas para me convencer de que eu poderia remodelar meu corpo. Mas ninguém estava tentando me compelir a comprar algo na intenção de remodelar minha mente. Creio que existe, aqui, uma verdadeira oportunidade para alguém aparecer e ganhar uma fortuna com uma revista chamada *Mente Afiada* ou *Foco Cerebral*.

Não há nada de errado com o tanto que se escreve sobre tonificar o corpo. Mas por que, me pergunto, se dá tão pouca atenção a nos mostrar como fazer com que a nossa mente seja mais poderosa? Meu lado cínico reconhece que consumidores de mente clara talvez não atraiam tantos anunciantes, mas ainda vejo a necessidade de mostrar às pessoas como deixar sua mente tão esguia, flexível e forte quanto seu corpo deveria ser.

Ter a mente em forma é tão importante quanto ter o corpo em forma. Isso pode não baixar o seu percentual de gordura, mas faz algo muito mais importante: ajuda-o a dominar dois importantes princípios de sucesso. Esses princípios, o pensamento preciso e a atenção controlada, são os equivalentes da capacidade aeróbica e a de força. Eles lhe dão clareza e ânimo na sua busca pelo seu propósito maior. Assim como um maratonista precisa de condicionamento e resistência para alcançar a meta distante dele, você precisa ter mente afiada e concentração para alcançar a sua.

Quanto mais você avança em realizar suas ambições, mais decisões terá que tomar. Você alocará tempo, dinheiro e energia para coisas como decidir abrir um escritório a mais, comprar uma casa nova, juntar dinheiro para um parquinho novo na escola ou começar a trabalhar numa nova mídia. Ainda que tenha o mais detalhado plano de sucesso imaginável, você continuará enfrentando uma necessidade constante de avaliar situações e informações. É um sinal inevitável de progresso.

Todas essas decisões podem ser cruciais. Você pode dar um grande salto à frente ou recuar vários passos, dependendo da precisão da escolha que fizer. Só faz sentido, então, equipar-se com habilidades mentais para tomar boas decisões. É preciso ter uma mente que seja capaz de ir direto ao ponto, reconhecer o que está em jogo e selecionar a rota que lhe trará o que você quer e precisa ter. Para tanto, você necessita do pensamento preciso e da atenção controlada.

O primeiro desses princípios, o pensamento preciso, jaz num processo de dois passos. Primeiro, você separa fato de ficção. Segundo,

Don M. Green

organiza os fatos restantes em importantes e não importantes. Depois, e somente depois, começa o processo de tomar decisões.

FATO *VERSUS* FICÇÃO

Hoje vivemos na Era da Informação. Alguns a chamam de Era do Excesso de Informação. Simplesmente não há fim para tantas supostas autoridades, cada qual com seus livros, *blogs* e *websites*, e estudos totalmente financiados prontos para nos dizer tudo que acham que precisamos saber. Ainda por cima, o *e-mail* tornou possível para todo mundo disseminar suas ideias sem nem gastar dinheiro com papel e selo. Há mais canais de televisão do que nunca, e estão todos tentando atrair a audiência à custa de tudo mais, incluindo, às vezes, a precisão.

Quando encontrar informação, esteja pronto para fazer umas perguntas difíceis:

1. Quem está fornecendo? Ele tem motivo para querer que essa informação seja verdadeira? Pode ser visando lucro, ponto de vista filosófico ou apenas pela necessidade de contrariar.

2. Qual é a fonte da informação? Suspeite de fontes anônimas ou atribuições vagas, como "uma autoridade confiável" ou o infame "fato conhecido".

3. Isso concorda com outras coisas que você sabe que são verdade? É preciso ser bastante cuidadoso nessa avaliação. O mundo muda, mas tenha em mente que algo que parece bom demais para ser verdade em geral é isso mesmo. O mesmo vale para as más notícias. Tem gente por aí que adora espalhar más notícias.

4. Como você pode verificar? Há uma autoridade mais elevada? Você tem como ir direto à fonte confirmar o que lhe disseram?

5. O que foi dito? As pessoas costumam modelar as notícias segundo suas intenções, omitindo detalhes que não batem com o propósito delas ao espalhar a história.

Responder a essas perguntas selecionará uma boa quantidade da informação que você encontrar. Talvez você não consiga dispensar a informação como mentira descarada, mas isso vai impedir que aceite como fato coisas que não passam de rumores ou modinhas. Reconheça que existe um reino nebuloso e cinzento no qual fato e ficção se misturam. Nenhuma mentira parece mais verdadeira quanto a que se baseia na verdade. Você não deveria aceitar um "fato" que não passa de ficção bem disfarçada.

Vamos dar uma olhada numa situação na qual uma pessoa encontra informações que lhe parecem significantes para o seu propósito de vida. Isso lhe mostrará como funciona o processo de avaliação, para você ter uma boa ideia de o que se atentar ao separar fato de ficção.

Marisol é diretora de um centro de artes comunitário. O centro exibe obras de pintores locais e outros artistas, bem como recebe diversas peças ao longo do ano, incluindo uma peça anual de Shakespeare apresentada de graça no parque, do outro lado da rua, no verão. Certa noite, na abertura de uma nova exposição, ela está conversando com o marido de uma das artistas. Ele é dono de uma empresa de construção e lhe conta que acabou de ganhar o contrato para construir um memorial para veteranos de guerra no parque. Ele diz que será localizado bem no meio do lugar no qual puseram o palco para a peça de Shakespeare.

Marisol acabou de receber essa informação, que tem potencial para perturbar um dos eventos mais populares do centro, e, se for verdade, ela precisa ajustar seus planos imediatamente. Ela vê um membro do conselho municipal no outro canto da sala e se vê tentada a fazer perguntas bem incisivas para saber por que ninguém lhe avisou que isso estava para acontecer. Em vez disso, ela começa a se fazer as cinco perguntas que vimos anteriormente.

1. Quem está fornecendo a informação? Marisol reconhece que esse homem deveria saber se ganhou ou não o contrato. Ele pode estar se gabando, tentando atrair atenção para si mesmo enquanto a esposa recebe elogios por sua cerâmica, mas ele não deve estar mentindo, visto que Marisol logo será capaz de ver se o memorial será construído ou não.

2. Qual é a fonte da informação? Ocorre a Marisol que ela pode ligar para o departamento de parques da cidade na manhã seguinte para confirmar a informação. Eles terão a última palavra com relação a se a construção será conduzida. O construtor é uma boa fonte, mas o departamento de parques será melhor.

3. Isso concorda com outras coisas que você sabe que são verdade? Marisol não tinha ouvido falar, até o momento, de planos para um memorial de guerra. Mas ela sabe que o centro tem um contrato com o departamento de parques para fazer o espetáculo, e que o contrato valerá por mais dois anos. Isso lhe informa que algumas peças do quebra-cabeça ainda estão faltando.

4. Como você pode verificar? Uma ligação para o departamento de parques dirá tudo a ela. Marisol resolve que isso será a primeira coisa a fazer na manhã seguinte. Ela não fará mais nada acerca dessa notícia enquanto não obtiver essa verificação.

5. O que não foi falado? Na conversa com o departamento de parques, na manhã seguinte, Marisol descobre que lhe deram apenas parte da história. Sim, um memorial será construído no local em que as peças foram produzidas. Porém, graças à doação de uma executiva local, um palco novo e permanente será construído em outra parte do parque. E a construção não

começará até o outono em ambos os projetos, portanto, não haverá interrupções das apresentações neste ano. O departamento de parques agradece por Marisol ter ligado, pois estava prestes a lhe pedir sugestões acerca do projeto do novo palco. Ela marca uma reunião com eles e volta para suas funções com a mente tranquila.

Se Marisol tivesse cruzado a sala pisando duro assim que ouviu falar do memorial, poderia ter facilmente se envergonhado, agindo com base em informação incompleta. Desafiar um membro de conselho municipal com apenas metade da história a teria feito parecer precipitada e não cooperativa. Em vez disso, ela avaliou o que ouviu e não deu muita bola para a informação enquanto não pôde verificá-la. Nesse processo, descobriu que o que parecia uma má notícia era, na verdade, boa. O construtor não tinha sido malicioso, apenas um pouco mesquinho por não lhe contar a história toda. Marisol descobriu, mais tarde, que ele perdera a proposta de construir o palco, por isso, não era de surpreender que ele não mencionasse o assunto.

Às vezes não é possível responder a todas as cinco perguntas imediatamente ou por conta própria. Se a informação tem implicações importantes para os seus planos, não hesite em parar para investigar melhor, como Marisol fez. A checagem de fatos é mais uma área na qual sua aliança de MasterMind pode ser incrivelmente útil. Visto que essa aliança é composta por pessoas de habilidades diferentes, não hesite em procurar um membro com *expertise* num assunto no qual você não tem muito conhecimento.

Não espalhe informação que você não sabe se é verdade. Se está buscando confirmação, apresente-se dessa maneira. Se ganhar reputação de fofoqueiro ou precipitado, você apenas atrairá mais pessoas interessadas em contar as últimas balelas. Você será assolado por histórias fantásticas e escandalosas, e logo sua cabeça estará lotada de desinformação inútil. Ninguém quer isso. É algo que não somente atrapalha, como também faz com que outras pessoas de pensamento preciso fiquem desconfiadas e menos dispostas a partilhar informação boa com você ou ajudá-lo a separar fato de ficção.

A separação é apenas metade do processo. Uma vez que você sabe o que é verdade e o que não é, ainda tem que concluir se os fatos que tem em mãos são significativos. Há um monte de fatos por aí. A questão que permanece é se eles são importantes.

IMPORTANTE *VERSUS* NÃO IMPORTANTE

Qualquer livraria pode lhe vender um almanaque. Centenas de páginas recheadas de estatísticas de diversas agências lhe dizem tudo, desde o produto interno bruto da Índia até a população do condado de Benton, no Oregon. Se memorizasse um almanaque, você provavelmente poderia ganhar uma fortuna em *game shows*, ainda que as pessoas o evitassem nas festas. Algo que você não faria seria ajudar-se a obter o que mais quer na vida. Os fatos, por si sós, são coisas inúteis. Eles têm de ser aplicados adequadamente para ter algum valor, e a aplicação adequada começa ao decidir se um fato é significante para o que você está fazendo.

Essa determinação começa com um entendimento claro do seu propósito na vida. Saber o seu propósito maior fornece a estrutura básica para avaliar a importância da informação. Você descobrirá muitos fatos, todos os dias. Alguns podem ser muito interessantes, mas a primeira questão que se deve fazer é se eles têm impacto no que você está fazendo. Mas até fatos que parecem ter influência direta no seu propósito maior podem não ser importantes. Em geral, num conjunto de fatos, apenas um ou dois são realmente importantes para os seus planos. Você simplesmente tem que entender onde estão as suas prioridades.

Ter contato com o que lhe é importante deixa as escolhas mais claras. Quando você tiver uma ideia cristalizada do que quer e como planeja obter, verá que as escolhas ficam mais óbvias, embora não necessariamente mais fáceis ou sem consequências. Avaliar consequências e resolver o que é importante é mais simples quando você sabe do que precisa e com o que está disposto a conviver em prol das suas metas. Quando souber quais são suas prioridades, você não se verá rendido pela incapacidade de fazer uma escolha.

> *Quando souber quais são suas prioridades, você não se verá rendido pela incapacidade de fazer uma escolha.*

A clareza que vem com pensamento preciso prepara-o para o segundo elemento da boa forma da mente: a atenção controlada. A atenção controlada é uma ideia poderosa, mas não é muito útil enquanto você não desenvolve o pensamento preciso, pelo simples motivo de que você deve saber no que quer concentrar a atenção, e somente então isso realmente lhe trará resultados. Vamos dar uma olhada em que exatamente é a atenção controlada e como você pode usá-la.

ATENÇÃO CONTROLADA

Napoleon Hill sempre se referia a esse princípio com outro nome: *concentração*. Dito de modo simples, a atenção controlada é a concentração de todo o seu pensamento numa só ideia ou questão. Esse foco ativa diversas faculdades mentais e as direciona para começar a criar o resultado de que você precisa. Sua imaginação e seu entusiasmo exercem um grande papel, mas sua mente consciente também. Ironicamente, focar o pensamento consciente é a melhor maneira de colocar para funcionar sua mente subconsciente versátil.

Ironicamente, focar o pensamento consciente é a melhor maneira de colocar para funcionar sua mente subconsciente versátil.

Seu subconsciente é a tarefa de fundo da sua mente. É o lugar no qual suas ideias ganham vida própria. Isso pode ser bom ou ruim, dependendo da natureza das ideias que estão fervilhando lá atrás. Os medos crescem no subconsciente, mas a inspiração também. Desde o início deste livro, você veio aprendendo técnicas para eliminar parte das coisas negativas que podem se enraizar no seu subconsciente. Você foi substituindo essas coisas por pensamentos e ideias benéficos.

A AMP é a maneira mais poderosa de você manter seu subconsciente livre de ideias prejudiciais. Mas as coisas que você aprendeu sobre entusiasmo, imaginação, fé aplicada e autodisciplina também servem para imprimir no seu subconsciente a importância do seu propósito maior e das habilidades de que você precisará para alcançá-lo.

Pode parecer que sua mente subconsciente é aquela parte de você que não responde ao direcionamento, mas não é assim. Seu subconsciente funciona por conta própria, mas faz isso em resposta ao estímulo que você lhe dá. Ele não tira ideias do nada; ele parte do material bruto que você lhe fornece por meio de seus pensamentos conscientes.

Suponha que, ao caminhar pela sua rua, um cachorro enorme venha correndo na sua direção, latindo e mostrando os dentes. Mesmo que o dono o chame de volta antes que ele se aproxime, você terá uma sensação rápida e súbita de perigo. Essa impressão surgirá na sua mente consciente, mas entrará também no seu subconsciente.

O que vai acontecer em seguida depende de como você direciona sua mente consciente. Se segue com a vida com o coração martelando e fica pensando no perigo que acabou de enfrentar, sua mente subconsciente vai reconhecer essa ameaça como algo significativo. Você passará o restante do dia assustado. E pior: nos dias seguintes, toda vez que chegar perto do quintal no qual mora o cachorro, vai sentir essa ansiedade de novo. Essa ansiedade ficará mais forte, e logo outros cachorros começarão a intimidá-lo.

Mas essa não é a única opção. Se você responder conscientemente à ameaça focando no fato de que você não foi atacado e que está a salvo, o seu subconsciente não ficará obcecado pelo cachorro. Melhor ainda: se parar para fazer amizade com o cachorro e o dono, você imprimirá no subconsciente a ideia de que criaturas não amigáveis podem tornar-se amigáveis com a abordagem certa.

Você pode ver, com esse exemplo, por que a atitude certa diante de um contratempo ou ameaça é importante. Se você imprime, no seu subconsciente, a ideia de que fracassou em alguma coisa, a ideia do fracasso começa a se enraizar. Se, ao contrário, imprime no subconsciente a necessidade de uma solução e a determinação de dar certo, essas ideias serão aquilo em que o seu subconsciente vai se focar.

Uma AMP vigorosa serve como guardiã do seu subconsciente, mantendo ideias desagradáveis fora e fornecendo um estoque firme de boas impressões. Agir na fé aplicada é mais um meio efetivo de direcionar o seu subconsciente, pois tanto suas ações quanto seus pensamentos deixam uma impressão. Mas o ponto crucial da atenção controlada é fazer esforço específico e determinado para imprimir, no seu subconsciente, uma meta ou ideia, para que ele comece a trabalhar em criar o que você precisa.

A atenção controlada é, essencialmente, uma forma de auto-hipnose. Sei que "hipnose" é um termo carregado. Basta mencioná-lo para que as pessoas pensem em espetáculos de Las Vegas nos quais membros da plateia são convencidos de que são um bule ou uma galinha.

Mas a atenção controlada não se trata de causar riso. É um meio de transformar as suas ideias sobre si mesmo e a realidade.

Você já andou se engajando nelas. Toda vez que lê sua afirmação de propósito, você está direcionando sua mente consciente e a subconsciente para focar no seu propósito maior e na maneira de alcançá-lo. É por isso que você deve ler repetidas vezes ao longo do dia, para manter a impressão fresca e permitir que ela torne coloridos todos os seus pensamentos e ações.

Os gatilhos e as fagulhas que você usa para combater maus hábitos e acionar seu entusiasmo são formas de atenção controlada e, portanto, hipnose. É por isso que eles ficam mais fortes toda vez que você os usa: eles ficam mais impregnados nos seus pensamentos.

Você pode usar a atenção controlada em circunstâncias específicas para afetar seus pensamentos e ações. Pode resolver um problema ou mudar um hábito que você passou toda uma vida adquirindo.

Resolver problemas por meio da atenção controlada começa com a aplicação do pensamento preciso. Você precisa identificar claramente o problema que enfrenta. É útil escrever o problema numa só sentença, para ajudar a afastar detalhes não importantes. Um exemplo seria mais ou menos assim:

Preciso superar a vantagem de preço do meu concorrente.

(Repare que não especifiquei uma solução para o problema na frase. Talvez eu tenha algumas ideias sobre qualidade, serviço ou termos de pagamento, mas não quero inclinar ou prejudicar os resultados. Além disso, me coloquei na frase, visto que quero uma solução que venha das minhas ações. Não quero sugerir a mim mesmo que esse problema tem de ser resolvido por outra pessoa.)

Revelando o maior segredo de Napoleon Hill

Agora encontre um lugar calmo, no qual você não será interrompido, e certifique-se de que terá certo tempo para se dedicar. Quinze minutos darão um bom início a esse processo.

Leia a frase em voz alta para si mesmo dez vezes, e foque todos os seus pensamentos nessa ideia. Lá pela nona vez, você já terá dado ao seu subconsciente uma impressão forte e ressonante de que isso é algo significante. Você terá, também, enviado a mensagem para a sua imaginação, e ela começará a funcionar.

Permita-se refletir sobre o problema. Rabisque umas ideias, conforme elas lhe ocorram. Se sua imaginação pegar fogo, ótimo. Mas você não deve contar com uma solução instantânea. Quando tiver a sensação de que chegou ao final da inspiração, pode parar.

Você pode repetir esse processo ao longo dos dias seguintes. Talvez encontre aquilo de que precisa numa dessas sessões. Mas é igualmente provável que a ideia venha em outro momento: no chuveiro ou dirigindo para o trabalho. Seu subconsciente tem um *timing* imprevisível, mas ele comparecerá. Você pode descobrir que algo que você lê, ou algo que alguém diz, produz um daqueles momentos de "eureca!", quando subitamente tudo fica claro.

Não tenha receio de fazer perguntas difíceis acerca do que o seu subconsciente produz. Talvez você tenha somente o começo de uma resposta em vez de uma solução completa. Mas verá que sua mente fez algumas conexões que você negligenciou no exame consciente. Você está entrando em contato com a Inteligência Infinita: sentindo uma relação que existe, mas que não foi totalmente explorada ou entendida ainda.

Você pode, também, adaptar essa técnica para fazer mudanças comportamentais em si. Pode melhorar sua atitude em relação a alguém ou algo, ou criar um hábito novo e benéfico. Visto que as atitudes são hábitos do pensamento, o processo é muito similar. Em vez de escrever uma frase de um problema, escreva uma expressão do hábito que você quer cultivar. Dê a si esse mesmo tempo de calmaria para pensar, e então é bom seguir esse momento de foco com uma ação imediata baseada no seu novo hábito.

Se quiser ser mais regular nos exercícios, foque o pensamento logo antes de treinar. Se quer eliminar os petiscos ao longo do dia, você saberá quando estiver tentado a comer, então foque a mente antes de se ver diante de petiscos. Se quer aumentar sua autoconfiança, foque a mente antes de pegar no telefone para fazer uma ligação da qual você estava com receio. O foco se tornará um hábito em si, e, com os novos hábitos que você criar, verá que tem capacidade para se concentrar em qualquer tarefa importante.

A atenção controlada opera de modo muito similar à fé aplicada, porque ela o prepara para fazer coisas que pareceriam, de outro modo, impossíveis ou improváveis. É muito comum que concentrar o pensamento em algo de que você precisa resultará nesse algo vindo até você. Não é como pedir um carro novo ao universo: Deus não fará um milagre para você. Mas pode ajudá-lo a arranjar um jeito de você mesmo fazer esse milagre. A atenção controlada é parte importante da grande moral de Napoleon Hill: tudo que você puder conceber e acreditar, você pode alcançar.

A atenção controlada tem duas aplicações. Primeiro, você pode usá-la para superar obstáculos do dia a dia. Mas, segundo, quando você foca a mente no seu desejo maior, começa a criar todas as coisas de que precisa para fazer aconte-

> *Com a mente em forma, você entra nos trilhos rumo àquilo que quer.*

cer. O pensamento preciso o ajudará a não ser distraído por coisas que chamam a atenção mas não são importantes. A atenção controlada permitirá que você crie as engrenagens que usará para alcançar as suas metas.

Napoleon Hill costumava dizer que sua mente é a única coisa que você pode realmente controlar. Se você acordasse amanhã desprovido de tudo, ainda poderia começar a criar e trabalhar rumo ao seu propósito maior antes mesmo de ter a chance de pensar no café da manhã. A sua mente é a única ferramenta essencial para alcançar o sucesso. Então, não seja preguiçoso na hora de usá-la. Com a mente em forma, você entra nos trilhos rumo àquilo que quer.

CAPÍTULO 14

CRIANDO HARMONIA

"A harmonia nas relações humanas é o maior recurso de um homem. Não permita que ninguém lhe roube a sua parte."

– Napoleon Hill

Onde quer que você esteja, seja lá o que mais deseje na vida, você obterá somente trabalhando com outras pessoas. Você precisa ser eficiente em inspirar cooperação – e em oferecê-la – se espera alcançar seu propósito maior. Competir faz parte de viver em sociedade. Não há nada de errado nisso. Nosso sistema de empreendimento livre depende disso. Ele nos incita a tentar mais, assumir riscos e experimentar. A civilização avança porque as pessoas competem, mas a civilização perdura porque as pessoas cooperam, e a competição saudável pode ocorrer somente por causa da cooperação. Sem uma sociedade cooperativa, todos estaríamos lutando por comida e abrigo, e não sonhando grande. Quem criaria arte, descobriria avanços médicos ou inventaria nova tecnologia se todos acordássemos todas as manhãs sabendo

> *A civilização avança porque as pessoas competem, mas a civilização perdura porque as pessoas cooperam.*

que a coisa mais importante que teríamos a fazer seria dar um jeito de sobreviver? Ninguém.

Quando ficar habilidoso em inspirar cooperação, você verá que terá mais tempo e recursos para devotar a alcançar suas metas. A cooperação demanda trabalho e sacrifício, mas é também algo tremendamente libertador. Você encontrará problemas e obstáculos que superará somente com a ajuda de outras pessoas, e a única maneira de ter certeza de que encontrará essa ajuda, quando precisar, é ser capaz de inspirar cooperação.

Criar a harmonia que inspira cooperação começa – como tantos outros princípios discutidos neste livro – com a sua atitude. Você pode desenvolver técnicas que o ajudarão, mas nenhuma delas valerá muito se o seu coração e a sua mente não estiverem no lugar certo logo no início.

PREPARANDO-SE PARA COOPERAR

Uma atitude cooperativa não é algo que você pode ligar e desligar conforme a situação demanda. Você precisa manter o espírito de cooperação o tempo todo. Ser cooperativo deveria ser parte da sua reputação. Se as pessoas perceberem que você vai cooperar somente quando for obter os maiores benefícios para si mesmo, não vão cooperar com você alegre e livremente. Elas podem até trabalhar com você quando for absolutamente necessário, mas essa cooperação terminará no instante em que elas conseguirem o que querem.

Por outro lado, ofereça cooperação com generosidade e você verá a reciprocidade das pessoas. Não, não de todas elas, mas mais do que suficiente para você começar a criar um estoque de espírito cooperativo, um reservatório de sensação boa de harmonia que você será capaz de acessar quando precisar. Até mesmo as pessoas que estavam reclamando de cooperar podem acabar concluindo que você merece a generosidade delas. Uma pessoa generosa num grupo de pessoas que são mais ariscas pode começar a alterar a postura de todos os outros rumo à cooperação.

É por esse motivo que não se deve ter pressa ao concluir que alguém com quem você cooperou está economizando na hora de retribuir a cooperação. Algumas pessoas simplesmente não estão acostumadas a uma troca de generosidade. Talvez elas tenham aprendido a não dar mais do que o absolutamente necessário, por medo de se ferir. Não há melhor maneira de apagar essas ideias negativas acerca da cooperação do que lhes mostrar um espírito liberal de trabalho em equipe sempre que possível. Como Napoleon Hill costumava dizer, "atos, e não palavras, mudarão posturas".

Principalmente quando você é novo na cooperação, ou quando está num ambiente novo, ofereça sua cooperação com pouca expectativa de receber algo de imediato. A boa reputação resultante já será uma recompensa em si mesma. Isso pode parecer difícil quando você está batalhando para realizar todas as coisas de que precisa fazer, mas a conta será paga muito em breve. Com a reputação de estar sempre disposto a ajudar os outros, você encontrará pessoas dispostas a lhe oferecer ajuda antes de pedir, e até mesmo antes de você perceber que precisa.

Em qualquer empresa, os líderes procuram pessoas em quem possam contar para carregar uma parte maior do fardo comum. Não há falta de gente que se esquiva de responsabilidades. Destaque-se como alguém que carrega contente a sua porção desse fardo, e verá pessoas mais experientes prestando atenção em você. Sim, elas lhe darão mais afazeres, mas também lhe darão conselho e partilharão informação que não entregam a pessoas que, afinal, demonstraram que não farão uso disso.

Conforme for assumindo cargos de liderança, certifique-se de ficar de olho em pessoas que, como você, reconhecem o valor da cooperação. Procure ser amigável com elas e torne-se um aliado que estará disposto a lhes dar apoio máximo. Não trate pessoas que têm espírito de iniciativa e cooperação como ameaças. Qual é o problema de o novo contratado querer, um dia, ter o seu emprego? A essa altura, você já estará mais à frente, e, ao ajudá-lo a chegar lá, terá criado um laço de que poderá se valer num momento crucial.

Não existe um *toma lá, dá cá* estrito na cooperação. Você simplesmente não tem como antecipar aquilo de que precisará no futuro. Não seria bom abordar alguém em busca de ajuda apenas para ouvir que os serviços que você prestou no passado não valem para a circunstância atual. É preciso inspirar uma cooperação gratuita, e a única maneira de conseguir isso é ser igualmente altruísta quando se trata de trabalhar com os outros. Não dê a impressão de que você está fazendo uma análise de custo-benefício quando alguém lhe propõe alguma coisa. Responda de maneira graciosa, entusiástica e afirmativa.

Existem, no entanto, algumas ocasiões nas quais você vai querer negar a cooperação. Primeiro, não deixe que o espírito liberal de trabalho em equipe o prenda a algo inapropriado. Se lhe pedem para fazer algo que você considera antiético ou que sabe que criará má impressão entre outras pessoas que lhe são importantes, diga não. Seja direto ao explicar por que está recusando. Não tente inventar desculpa, dizendo que está ocupado demais ou que não pode ajudar. Deixe bem claro o motivo pelo qual não vai cooperar dessa vez.

As pessoas que fazem esse tipo de proposta inapropriada o fazem por um de dois motivos. Em geral, não conseguem entender as implicações de suas ações. Você pode jogar limpo com uma pessoa como essa, mas, mesmo que não o faça, a deixará com a impressão de que você é cooperativo sob as circunstâncias certas. Existem, no entanto, pessoas que não veem nada de errado em ser desonestas. Não devemos cooperar com estas. Elas nunca estarão dispostas a lhe oferecer o mesmo tipo de conselho lúcido que você lhes deu, e você nunca terá certeza se, ao cooperar com você, elas não estão atrás de algo totalmente diferente. Fique longe delas.

Segundo, às vezes você é convidado a cooperar num plano que tem falhas óbvias. Se for esse o caso, considere primeiro se pode dar uma sugestão que corrigirá a falha. Essa é uma forma extremamente valiosa de cooperação que se pode oferecer a alguém. Se sua sugestão for aceita, fique à vontade para participar. Mas, se sentir que o plano é tão ruim que não tem como salvá-lo, diga não. Tenha tato ao fazer isso, mas não se intimide ao revelar o motivo da sua reserva. Mais uma vez, não invente uma desculpa que possa dar a impressão de que subitamente você está menos generoso. É muito melhor ser conhecido como alguém que tem mente afiada e convicções firmes do que alguém que é imprevisível ou vago ao explicar a recusa, ou que sempre diz sim apenas para se dar bem com os outros.

Os casos mais difíceis são aqueles em que lhe pedem para cooperar em algo que entra em conflito com os seus planos para o sucesso. Se a distração é pequena, provavelmente vale a pena seguir adiante. Costumamos abrir mão de algo para conseguir alguma coisa mais importante depois. A cooperação é extremamente valiosa e pode gerar grandes dividendos em longo prazo. Mas há casos em que alguém lhe pede ajuda que, se você der, lhe causará um grande contratempo. Talvez lhe peçam para se mudar, aceitar uma promoção num departamento diferente ou abrir mão de algo que você trabalhou muito duro para conseguir.

Se você se depara com a possibilidade de fazer esse tipo de sacrifício, terá que tomar uma decisão difícil, levando em conta sua habilidade de se recuperar e o que lhe custará dizer sim ou não. Qualquer coisa que você decidir pode gerar implicações profundas. É importante dizer, à pessoa que está pedindo sua cooperação o que está em jogo. Isso lhe deveria dar um pouco de tempo para pesar suas opções e investigar alternativas. Você precisa saber definitivamente quais serão os custos e como, se for possível, você vai se recuperar. Qualquer resposta que dê, você precisa estabelecer suas motivações com clareza. Se você se recusar a prosseguir, diminuirá qualquer má impressão ao certificar-se de que todos saibam exatamente do que você estaria abrindo mão. Às vezes as pessoas não pensam antes de requisitar que os outros façam grandes sacrifícios, e podem ficar admiradas ao descobrir qual teria sido o custo disso para você. Até mesmo as pessoas que sabem o que está em jogo apreciarão a sua deliberação cuidadosa, embora ainda preferissem que você tivesse escolhido outra coisa.

Se fizer um sacrifício grande, tenha algumas coisas em mente. Primeiro, foi você que fez. Não ponha a culpa em outra pessoa por essa escolha. Culpar os outros é o jeito mais fácil de envenenar relacionamentos. Aceite que você escolheu sua nova situação e comece a se esforçar para seguir adiante. Segundo, como você já sabe, por ter lidado com outros contratempos, comece a procurar vantagens ainda não vistas nessa sua nova situação. Elas existem. Quão mais rápido você encontrá-las, mais rápido poderá explorá-las. E terceiro, não deixe que esse contratempo drene o seu espírito de cooperação. Não há jeito mais rápido de arruinar sua reputação de acomodar-se com generosidade

Você ajuda a si mesmo toda vez que ajuda alguém.

do que ser mesquinho depois que alguém lhe pediu algo importante, que você lhe deu. Por outro lado, não há jeito melhor de ser conhecido como um cooperador generoso do que agir com graciosidade e a mesma abertura ao trabalhar com os outros em projetos futuros.

A impressão que você passa às pessoas quando elas lhe pedem para cooperar faz toda a diferença quando é a sua vez de pedir. Use as outras lições deste livro para fornecer cooperação abundante quando a der a alguém. Responda com AMP, entusiasmo e imaginação. Dê um passo a mais, aja com fé aplicada e ative sua personalidade agradável. Mostre iniciativa no trabalho em cooperação e aborde-o com as mesmas habilidades mentais que você usa nos seus assuntos pessoais. Desse jeito, você ajuda a si mesmo toda vez que ajuda alguém.

MOTIVOS PARA COOPERAR

Você precisará da cooperação de todo um leque de pessoas, qualquer que seja o seu propósito maior. Em vários pontos, precisará da ajuda de parentes, vizinhos e pessoas do trabalho. As pessoas do trabalho podem ser subordinadas, colegas ou superiores. A natureza das suas relações com todas essas pessoas vai variar, como as ferramentas específicas que você usará para inspirá-las a trabalhar com você. Embora sua atitude seja o fator mais importante ao convencer alguém a ajudá-lo, há diversas técnicas que se pode empregar nessas circunstâncias para criar e recompensar a cooperação.

A essa altura, é bom recapitular a lista de Napoleon Hill dos dez motivos básicos da ação humana. Para você não ter que voltar ao segundo capítulo, eis a lista novamente:

1. Autopreservação.
2. Amor.
3. Medo.
4. Sexo.
5. Desejo de vida após a morte.
6. Liberdade, mental e física

7. Raiva.

8. Ódio.

9. Desejo de reconhecimento e autoexpressão.

10. Riqueza.

Você pode usar qualquer um desses motivos como base para um relacionamento de cooperação, embora eles tenham vantagens e custos divergentes.

AUTOPRESERVAÇÃO

Esse é um motivo que envolve riscos altos, mesmo quando você está lidando com a percepção de uma ameaça, em vez do risco de morte em si. Geralmente, as pessoas que acreditam que seu estilo de vida ou o modo como ganham a vida está em jogo reagem como se a própria vida estivesse em jogo, simplesmente porque elas não conseguem se imaginar vivendo de outro jeito. Dessas crenças, você ganha tremenda motivação e disposição para assumir riscos e tomar decisões difíceis. Mas também precisa saber que o desespero pode levar as pessoas a decisões apressadas e nublar sua habilidade de pensar nas coisas.

Quando você requisita cooperação baseada na autopreservação, é importante montar sua abordagem com cuidado. Ofereça um panorama com resultados positivos: não ofereça somente eliminar uma ameaça. Apresente a esperança de uma situação melhor, para prover às pessoas algo pelo que esperar. As pessoas que se preocupam com a autopreservação precisam de direcionamento e liderança. Você e os seus aliados devem emergir da dificuldade mais fortes e determinados, não enfraquecidos e cansados.

AMOR

Requisitar cooperação baseada no amor traz responsabilidades específicas. Isso se aplica tanto a situações nas quais é o amor por você que está por baixo da cooperação, como quando outra pessoa é o objeto da afeição. As pessoas em geral fazem mais pelo amor que têm por outras pessoas do que fariam por si mesmas.

Se você inspira cooperação baseada no amor, tenha em mente que deve ser realista no que pede e no que espera que aconteça. Não se pode sustentar a esperança de obter amor onde este não existe, e você não pode dar ou insinuar a promessa do amor de alguém em troca dessa cooperação. Lembre-se também de que, se o amor azedar ou vacilar, a cooperação será severamente enfraquecida.

Por outro lado, a cooperação nascida do amor pode acalmar as piores tempestades e contratempos. Embora isso seja incrivelmente satisfatório e possa até fortalecer o amor entre duas pessoas, tome cuidado para não dar pouca importância ao afeto. Não há nada de errado em demonstrar grande apreço pela ajuda que você ganha com base no amor. O custo para você é mínimo, e, mesmo que fracasse no que se pôs a fazer, um relacionamento amoroso mais forte não é somente prêmio de consolação.

MEDO

O medo torna as pessoas irracionais. Não tente gerar medo no intuito de ganhar cooperação. Entretanto, às vezes o medo existe por si só e é parte do motivo pelo qual as pessoas concordarão em trabalhar com você. Certifique-se de que a cooperação está fundamentada num meio de eliminar a fonte do medo de alguém, e não apenas explore o medo em si.

Se você usa o medo como um trampolim para levar alguém a cooperar, cria uma associação quase indestrutível na mente da pessoa entre você e aquilo que causa medo nela. Ela ficará ressentida e reservada, e você receberá ajuda com má vontade, se é que vai receber. Assim que a ameaça for eliminada, você pode acabar se tornando o item seguinte na lista dessa pessoa a ser eliminado.

Por outro lado, se ajuda uma pessoa a lidar com um medo, oferecendo direcionamento e apoio, você fortalecerá o seu aliado e criará um laço que vai durar por muito mais tempo do que a tarefa que vocês fazem juntos. Pessoas motivadas por medo em geral precisam de uma boa dose de direcionamento, porque querem sair da situação o mais rápido possível, qualquer que seja o custo. Será preciso que você pareça forte e confiante enquanto vocês trabalharem juntos, o que começa com você se certificar de reconhecer e superar quaisquer medos que possa ter.

SEXO

Oferecer ou buscar sexo para ganhar cooperação é uma fórmula para o desastre. Você não deve esperar ou desejar cooperação baseada num interesse sexual, e certamente não se pode fazer do sexo uma demanda em uma relação de trabalho. Se você quer fazer de um flerte algo mais significativo, deixe que cresça por conta própria, e não arrisque o seu propósito maior por algo casual e superficial.

DESEJO DE VIDA APÓS A MORTE

Motivações religiosas podem inspirar cooperação profunda e duradoura, mas requerem uma boa dose de alinhamento entre as suas crenças e as das pessoas com as quais você trabalha. Seria extremamente manipulador atrair alguém para uma cooperação falsa baseada na religião, e você não mereceria nada além de que ela fracasse.

Entretanto, o altruísmo inspirado pela religião leva as pessoas a fazer coisas extraordinárias. Se você fizer um apelo para alguém com base nisso, faça-o com sinceridade. Se as suas ideias em outras áreas não batem, deixe isso bem claro, para que a pessoa possa fazer escolhas com os olhos bem abertos. Tenha em mente que você jamais conseguirá prosseguir sem respeitar totalmente as crenças do seu parceiro, e reconheça que talvez tenha que fazer umas concessões para evitar conflito de convicções.

Tenha em mente que o seu desejo de vida após a morte talvez não siga o mesmo código que o de outra pessoa. Não use uma relação de cooperação para proselitismo ou para insistir em ideias que têm pouco a ver com sua meta comum. Se vocês se saem bem ao ultrapassar uma divisa de crenças, deixe que a cooperação entre vocês atue como exemplo do que sua fé pode alcançar. Os atos, como sempre, falarão mais alto do que um sermão.

LIBERDADE

Grandes coisas foram alcançadas por pessoas que cooperavam em nome da liberdade física e mental. Esse motivo elevado em geral evidencia o que há de melhor nas pessoas, inspirando-as a trabalhar bastante e a sacrificar muita coisa. Você deve, a qualquer pessoa que trabalhe com você por causa dessa motivação, o maior respeito e apoio.

Tenha em mente que o desejo de liberdade pode vir disfarçado como outra motivação aparente. O desejo de riqueza em geral é motivado pelo desejo de liberdade, e a autopreservação e a liberdade costumam aparecer juntas, como motivos unidos. Procure conhecer as pessoas com quem você coopera para entender o que é mais importante para elas.

A cooperação pode ser difícil para alguém que luta por liberdade; se encontrar resistência à cooperação, pergunte-se se as pessoas não estão preocupadas em abrir mão de independência. Certifique-se de que sua proposta de cooperação não dê a impressão de pedir às pessoas que abram mão de algo essencial. Se a cooperação começar, tome bastante cuidado para não tomar decisões unilaterais, e mantenha canais de comunicação abertos e ativos. Pessoas motivadas pelo desejo de liberdade são aliados valiosos quando você consegue ganhá-las.

RAIVA

As pessoas podem ficar com raiva por causa de algum problema, sem que essa raiva seja sua motivação primária. Tudo bem. A raiva é, muitas vezes, uma resposta totalmente aceitável, até valiosa, a um problema ou situação. Entretanto, quando a raiva é a raiz da cooperação entre você e uma pessoa, em geral isso causará problemas.

Pessoas motivadas pela raiva costumam estar a fim de vingança, e suas ideias e esforços serão quase todos destrutivos. Será difícil cooperar com elas sem abrir mão de algumas coisas que são muito importantes para você, como honestidade e AMP, e elas não vão gostar de qualquer tentativa sua de ser razoável. Elas querem satisfação emocional a qualquer custo.

> *Pessoas motivadas pelo desejo de liberdade são aliados valiosos quando você consegue ganhá-las.*

Converse com uma pessoa que parece motivada pela raiva. Veja se uma meta maior e mais valiosa do que a vingança as motiva. Se encontrar, construa a cooperação em torno dessa meta, e não da ideia de vingança. Pode não dar certo na primeira tentativa, mas disponha-se a voltar e abordar o assunto de novo quando os ânimos estiverem mais calmos.

Se descobrir que a raiva sobrepujou uma pessoa com quem você está cooperando, prepare-se para recuar em vez de ser atraído para uma grande confusão. Você pode acabar marcado pela mesma tinta se um aliado fizer algo precipitado, e precisa deixar claro que as suas metas divergiram. A raiva pode passar rapidamente, caso em que vocês podem voltar a cooperar, mas não simplesmente corra de volta para a relação. Faça perguntas duras. Fale abertamente de tudo que o preocupa. A pessoa que continua tomada pela raiva se entregará. A pessoa que já superou a raiva será capaz de responder honestamente, e vocês poderão voltar ao trabalho.

ÓDIO

Fique longe desse motivo. Ele envenena tudo. Não o use. Encerre a cooperação com pessoas motivadas por ele. Mesmo a pessoa mais inteligente, rica e criativa do mundo, caso seja motivada pelo ódio, não vale a pena ter como aliada.

RECONHECIMENTO E AUTOEXPRESSÃO

Você pode começar a satisfazer esses motivos assim que começar a cooperar com alguém. Faça elogios e ofereça à pessoa a chance de se expressar na relação, e logo você terá um aliado vivaz.

Tenha em mente que esses motivos podem desviar as pessoas de um propósito combinado. Elas podem buscar fama ou liberdade intelectual à custa da meta que vocês estabeleceram juntos. É melhor delinear um plano muito claro sob o qual proceder, para que vocês dois saibam o que é mais importante.

Revelando o maior segredo de Napoleon Hill

Você pode usar esses motivos para conseguir ajuda de pessoas que, de outra maneira, teriam pouco a ganhar com essa cooperação. O país está cheio de hospitais, bibliotecas e teatros que levaram o nome de pessoas que ganharam reconhecimento em troca de uma doação em dinheiro. Você pode, também, encontrar muitos aposentados que desejam trabalhar num projeto comunitário em troca da satisfação de causar um impacto mais uma vez. Seja generoso ao oferecer às pessoas aquilo de que precisam para satisfazer essas motivações, e você terá muita habilidade e muito talento ao seu lado.

RIQUEZA

Isso é o que faz o mundo girar, não é mesmo? O incentivo financeiro é uma maneira minuciosamente definida de obter cooperação, e é usado o tempo todo. Muitos negócios são fundados nesse tipo de cooperação, e todos devemos prestar pelo menos um pouco de atenção para manter o dinheiro entrando.

Mais do que com qualquer outro tipo de motivação, você precisa definir os custos e as recompensas financeiras da forma mais precisa possível. Não se pode permitir descobrir no meio do caminho que alguém se sente lesado ou não pode mais cumprir com a sua parte num trato. Se você precisar de dinheiro urgente, talvez tenha que aceitar sua recompensa sob outra forma para inspirar alguém a cooperar.

Obtenha bom conselho legal e financeiro antes de embarcar nesse tipo de cooperação. Saiba o que você vai ganhar e do que vai abrir mão. Se as coisas se complicarem, prepare-se para mostrar que você está fazendo sacrifícios primeiro, antes de pedir a mais alguém que faça um sacrifício. Não faça promessa que será impossível cumprir, e escute com atenção quando alguém lhe fizer perguntas. É melhor ouvir e agir sob aconselhamento logo de cara do que mostrar que precisa ser incitado a fazer isso.

As recompensas financeiras inspiram uma emoção pessoal. Fique de olho em si mesmo e nos seus aliados para ter certeza de que nenhum de vocês está deixando a motivação da riqueza distraí-los do processo pelo qual vocês a criam. Alguns são mais suscetíveis a dar um jeitinho do que outros, e você não pode aceitar um atalho desonesto quando se trata do seu propósito maior.

Não há motivação no comportamento humano que não tenha alguns perigos. As pessoas já cometeram erros agindo sob todos eles. Quando for requisitar a cooperação de alguém, é preciso entender a força motivadora que levará a uma resposta afirmativa, bem como os riscos e custos que estarão associados a essa força. As relações cooperativas são fluidas: o motivo que liga as pessoas a você pode mudar conforme as necessidades e prioridades delas mudam. A cooperação, portanto, nunca pode ser negligenciada. Como qualquer coisa valiosa, a cooperação requer manutenção.

AFINAÇÃO HARMÔNICA

Ficar alerta num relacionamento o poupa de sofrimento. Não se pode esperar que um casamento prospere sem esforço algum, e a mesma coisa vale para os laços que encorajam as pessoas a trabalhar com você. Eis algumas maneiras de ajudar a manter os esforços cooperativos fortes e saudáveis para poder recorrer a eles sempre que precisar sem se preocupar de estar pedindo demais.

Comunicação

Prestar atenção em todos os detalhes do seu plano para o sucesso pode facilmente consumir todo o seu tempo, se você deixar. Isso é um erro. Amigos e parentes se ressentirão de ser tratados como se estivessem apenas fazendo papéis secundários no grande drama que é sua vida. Certifique-se de ter tempo, todo dia, para estar em contato com as pessoas e para ficar sabendo o que é importante para elas. Não estou falando de se sentar com elas e fazer um interrogatório para saber o que querem da vida e o progresso que estão fazendo. Apenas passe um tempo, coma alguma coisa, veja um filme ou simplesmente relaxe junto ou escute música com elas. Os laços que unem parentes e amigos são mais profundos do que as palavras ditas. Simplesmente apreciar a companhia de alguém é um presente valioso que vocês dão um ao outro. Se algo importante precisa ser dito, a oportunidade está aí.

Nas relações de negócios, o nível de interação pessoal vai variar. Você pode ter laços cooperativos fortes com pessoas de cujas vidas pessoais não sabe quase nada. Ou vocês podem acabar se tornando grandes amigos, também. Contudo, em ambos os casos, jamais suponha que o que funcionou no passado continua funcionando. A ironia de um laço forte é que ele pode levar as pessoas a hesitar em expressar a necessidade de mudança. Se um parceiro de cooperação se retrai, o ressentimento pode se infiltrar no vínculo e crescer, despercebido, até que, num momento crucial, você descobre que a ajuda de que precisa custa demais para a outra pessoa. Você não precisa desse tipo de descoberta. Comunicação frequente e aberta o poupará de muito sofrimento.

Apreciação

Não seja avarento com agradecimentos ou elogios. Agradecimentos sinceros pela ajuda que alguém lhe dá podem, em geral, ser tão valiosos quanto a ajuda que você dá em retorno. Dê crédito público onde for apropriado e, sempre que algo positivo lhe acontecer, priorize partilhar as boas notícias com aqueles que o ajudaram. O sucesso tem um apelo todo dele: quando traz as pessoas para dentro do seu sucesso, você par-

Comunicação aberta e frequente vai poupá-lo de muita dor de cabeça.

tilha esse momento de orgulho com elas. Ninguém neste mundo já está cansado de sentir a emoção do sucesso.

Lembrar-se de aniversários e outros momentos felizes também mostra que você valoriza as pessoas e a ajuda que elas lhe dão. É comum mandar cartões ou presentes na época do Natal, e não há nada de errado nisso. Mas você causará uma impressão mais forte se escolher outra época – nem precisa ser uma data significativa – para mandar a alguém um recado ou um *e-mail* que diga simplesmente por que você valoriza essa relação. Agradecimentos formais estão ficando cada vez mais raros no mundo de hoje, o que os faz ser ainda mais apreciados. Presentes extravagantes são legais, mas, como também podem impor uma obrigação, acho que você vai sempre se sair melhor com palavras sinceras. Afinal, um parágrafo escrito com honestidade transmite mais significado e mais reconhecimento específico do que uma garrafa de um bom vinho ou uma caixinha de bombom.

Generosidade

Embora possa parecer custoso, é sensato temperar todos os seus relacionamentos cooperativos com uma dose saudável de fazer um esforço extra, mesmo aqueles relacionamentos que parecem prosperar por conta própria. Uma pessoa com maior tendência à manipulação diria que isso apenas conecta mais as pessoas a você, mas prefiro pensar nisso como uma forma de manter uma postura aberta e generosa. A cooperação pode ir bem ou mal de acordo com sua mentalidade. Faça um esforço extra constantemente e você vai garantir que estará sempre perguntando "O que será melhor para nós dois?" em vez de "O que eu posso ganhar com isso?".

Descobrir que você tem a habilidade de colocar as pessoas para trabalhar com você pode ser emocionante. É uma empolgação perceber com quantas pessoas você consegue forjar esse tipo de laço e quão útil é toda essa cooperação. E pode crescer a tentação de enxergar todas essas pessoas úteis como ferramentas em vez de aliados. Se você sempre procura dar às pessoas mais do que recebe, não sucumbirá ao narcisismo que vê o mundo inteiro como uma máquina de satisfazer vontades próprias. No instante em que você ordenar ajuda em vez de pedir, todo o trabalho que fez para inspirar cooperação vai se evaporar.

Sempre se lembre de que a cooperação é algo que você se prepara para receber. Não existe direito a ter cooperação. É um presente que as pessoas lhe dão. A generosidade dos outros pode não equivaler à sua, mas não se prenda a isso. Apenas continue se preparando para receber a ajuda de que você precisa, que ela vai chegar.

CAPÍTULO 15

MANEJANDO OS SEUS RECURSOS

"Tempo e dinheiro são recursos preciosos; poucas pessoas que buscam o sucesso acreditam que têm um ou outro em excesso."

– Napoleon Hill

Seja quem você for, seja quem você será, por ora já entendeu quão possível é o seu propósito maior. Você sabe que os seus planos podem virar realidade por meio dos seus pensamentos e das suas ações. Entende que cada dia que passa pode levá-lo para mais perto do que quer na vida.

Mas existem dias nos quais você não tem tanta certeza de que isso está acontecendo? Dias em que você se sente sortudo por pelo menos ter os pés firmes no chão? Mesmo quando tem um plano para o sucesso e já dominou todos os princípios que aprendeu até agora, pode ser difícil e desesperador ver o sol nascer e se pôr sem ter um pouco de sensação de progresso. A maioria das pessoas não escreve planos que funcionam gerando incrementos dia após dia, mas todos nós vivemos dia após dia, então vale a pena dar uma olhada em como podemos manejar as coisas dessa maneira.

Tempo e dinheiro são gastos diariamente. Embora as técnicas que você usa para lidar com eles talvez não sejam sempre as mesmas, ambos requerem certa vigilância que impeça que escorram por entre os seus dedos. Todos temos estilos diferentes quando se trata de organizar e usar nossos recursos, mas, seja qual for o método com o qual abordamos as coisas, é essencial ter total ciência dos seus pontos fortes e das suas fraquezas, para que você jogue com suas forças e compense os seus pontos cegos.

Antes de olharmos diretamente para a questão do manejo de recursos, vamos ver que estilo você usa, para poder prosseguir de olhos e mente abertos.

TRÊS ESTILOS

Os *experts* já identificaram muitas abordagens pessoais na hora de lidar com as coisas. Se resolver consultar qualquer um dos livros muito úteis e práticos que existem por aí, você vai aprender muito sobre si mesmo. Entretanto, para os seus propósitos, podemos definir três categorias amplas nas quais todo mundo recai. Não há nada de bom ou de ruim em nenhuma delas em si, mas cada uma tem suas vantagens e desvantagens.

Engenheiros

Os engenheiros são as pessoas mais organizadas. Eles adoram calendários e cadernos. Sua agenda é pensada meticulosamente, eles sabem onde estão todos os seus pertences e sabem como e quando vão gastar a moeda que está lá no fundinho do bolso. Tudo isso funciona a favor deles. São ótimos gerentes de projeto.

Os engenheiros tendem a vacilar quando algo interrompe seus planos. Se um item sai do lugar, eles têm dificuldade de se adaptar à mudança. Reorganizar-se é uma tarefa enorme, porque todas as partes têm de ser arranjadas até que eles se sintam confortáveis de novo.

Os engenheiros precisam desenvolver principalmente a flexibilidade como habilidade de organização.

Improvisadores

Os improvisadores raramente têm agendas bem planejadas ou orçamentos financeiros cautelosos. Ao contrário, em geral eles têm ciência das prioridades mais imediatas e se sentem muito confortáveis passando de uma tarefa a outra para que as questões mais prementes sejam resolvidas. Costumam ter fortes habilidades interpessoais, porque são sensíveis ao que é importante para os outros.

Os improvisadores têm dificuldade com progresso no longo prazo. Costumam lidar bem com as questões pequenas do dia a dia, mas pode ser difícil, para eles, traduzir todas essas pequenas vitórias em algo maior, simplesmente porque eles têm dificuldade de passar o foco para coisas que não são urgentes.

Os improvisadores precisam desenvolver principalmente o planejamento de longo prazo como habilidade de organização.

Teóricos

Os teóricos conseguem planejar agendas intricadas e delinear orçamentos que extraem o máximo das menores quantias de dinheiro. Eles apreciam esse tipo de planejamento e o fazem extremamente bem. Podem ser muito úteis para as empresas por sua habilidade de enxergar uma rota totalmente delineada rumo a um sonho elevado.

Entretanto, quase sempre têm dificuldade de aplicar seus planos na vida real. Não é que tenham metas irrealistas, mas obtêm muito mais satisfação com o pensar do que com o fazer. A procrastinação arruína os esforços deles, e alguns gostam até de replanejar quando o atraso lhes tirou de curso o primeiro esquema.

Os teóricos precisam desenvolver principalmente a persistência como habilidade de organização.

Não é importante que você defina neste momento em qual desses três grupos se encaixa. Talvez você seja um híbrido. E mesmo que seja um teórico com traços de improvisador, não faz mal prestar atenção quando eu discutir flexibilidade. Nenhuma dessas qualidades necessárias para ter boa organização aparece plenamente em nenhum desses grupos. Conforme virmos habilidades e técnicas, examine o seu estilo de manejar tempo e dinheiro e pergunte a si mesmo se está tirando o máximo dos seus recursos. Até mesmo os seus melhores recursos têm de ser fortalecidos para servi-lo melhor.

TIQUE-TAQUE

Nosso dia é dividido em muitas partes, e, dependendo das circunstâncias, temos graus variados de controle sobre o que fazemos nele. Os médicos têm consultas para realizar, e os motoristas de ônibus têm uma agenda a seguir. Os atores têm ensaios e apresentações, e o pessoal do atendimento ao consumidor sabe que o telefone nunca para de tocar. Em tese, todos temos oito horas para dormir, oito horas para trabalhar e oito horas do famoso tempo livre, que em geral é tomado por tarefas diárias e não é nem um pouco "livre".

Don M. Green

A seguir, indicamos maneiras de manejar o seu tempo com eficiência.

Faça listas

Engenheiros e teóricos vão adorar essa abordagem. Os improvisadores resistirão a ela intensamente. Mas se vocês fizerem uma lista do meu jeito, improvisadores, verão que ela funciona muito bem para vocês. Essas listas são uma função do princípio do pensamento preciso, discutido no capítulo 13.

No começo do seu dia, faça uma lista em três partes de coisas que você precisa realizar. As três categorias são as seguintes:

1. Importantes e urgentes.
2. Importantes e não urgentes.
3. Úteis.

Divida as coisas que você sabe que precisa fazer entre essas categorias, e entre em ação. Pode ser interessante criar uma linha mental no seu dia. Determine-se a realizar todas as coisas importantes e urgentes até o almoço, o que deixa o restante da tarde para as coisas importantes e não urgentes. Ainda que nem sempre funcione, por causa de surpresas e reuniões que ocorrem à tarde, isso dá certa estrutura às coisas. Significa também que você sempre faz mais ao longo do dia do que apagar incêndios. Você acaba tendo menos itens urgentes, porque garante que vai cuidar das coisas antes que elas sejam problemas.

Os improvisadores percebem que essa agenda solta ainda permite que eles cuidem da maioria das coisas conforme surge a inspiração. Seus hábitos de trabalho mais liberais trazem melhores resultados com tempo reservado, a cada dia, para metas de longo prazo. Mas eles ainda têm que tomar cuidado com as distrações: resista à pessoa que passa pela sua sala com uma pergunta aleatória. Aceite conversar mais tarde, e deixe que a oportunidade de fazer *brainstorming* com alguém seja uma recompensa para você por ter cuidado das coisas essenciais.

Os engenheiros talvez achem que esse arranjo tem uma estrutura muito solta para fazer o dia tão produtivo quanto poderia ser. Se você vê que não têm problemas em fazer tudo que precisa ser feito, não mude o seu sistema. Mas uma coisa que essa abordagem lhe oferece é manutenção reduzida e um investimento menor numa agenda que, você tem que admitir, é algo meio frágil. Preencher o seu dia não é o mesmo que usá-lo com eficiência.

Teóricos, o aspecto crucial dessa abordagem, para vocês, é a linha traçada entre as partes urgentes e não urgentes do dia. Completar uma lista curta de realizações relativamente cedo vai torná-los produtivos. Se não der certo, não entendam esse fracasso no começo como sinal de que não vale mais a pena nem tentar. É preciso desenvolver o hábito de começar.

Planeje tempo para parar

Pausas são essenciais para manter a mente afiada, permitir que a imaginação possa digerir toda a informação que você lhe dá e mantê-lo são. Tente agendar pelo menos dois períodos de quinze minutos ao longo do seu dia de trabalho para não trabalhar com nada.

Engenheiros, vocês têm que resistir à tentação de considerar o tempo que passam na fila para renovar a carteira de motorista como relaxamento. É bom fazer uso desse tempo lendo ou contemplando algo, mas não pense nisso como relaxamento. Permitir-se fazer algumas pausas ao longo do dia impede que você se estresse. Certifique-se de não ser avarento com o almoço também: sente-se em algum lugar, não tente escrever um relatório enquanto come, e escolha comida que você possa apreciar a qualquer momento. Mais umas pausas de quinze minutos em outros momentos do dia impedirão que você fique exausto sem um bom motivo.

Improvisadores, talvez vocês também tenham dificuldade de relaxar. Sempre tem alguma coisa que os chama, e sua agenda liberal encoraja as outras pessoas a tentar atraí-los para as atividades delas. Para vocês, é melhor que as pausas para relaxamento ocorram no mesmo horário todos os dias. Vocês aproveitarão a mesma revitalização com essa parada, como fazem os engenheiros, mas verão, também, que ganham perspectiva nova sobre o que realmente precisa acontecer em seguida. Embora tendam a ser pessoas muito sociais, esse tempo de relaxamento é melhor passar sozinhos. Até mesmo o seu melhor amigo pode distraí-lo e atraí-lo para atividades que não têm muito significado para você.

Os teóricos não deveriam fazer pausas no meio do dia. Em vez disso, reúnam para vocês uma quantia generosa de tempo no fim do dia. Façam um pacto consigo de que apenas apreciarão essa pausa se tiverem feito progresso satisfatório mais cedo nesse dia. É muito fácil, para vocês, estender essas pausas, e, antes que se deem conta, todo o dia já passou.

Faça predições

No começo de cada mês, escreva numa folha de papel as coisas mais importantes que quer realizar ao longo dos próximos trinta dias, mais ou menos. Lacre essa folha dentro de um envelope e, então, no último dia do mês, abra o envelope e dê uma olhada nas suas metas. Você realizou tudo? Quando? Algumas coisas foram feitas antes, ou você conseguiu terminar tudo às pressas na última hora?

Revelando o maior segredo de Napoleon Hill

A primeira vez que fizer isso, você terá uma visão esclarecedora de quão preciso é o seu estabelecimento de metas. Talvez descubra que, por mais que tenha estado ocupado o mês inteiro, ainda que tenha a sensação de que realizou muitas coisas, não atacou o que achava mais importante. Ou talvez conclua que anda se subestimando. Se atingiu todos os itens da lista até o dia 15 do mês, deve ser hora de começar a assumir mais tarefas. E se você der uma olhada na lista e ver muitos itens que estão quase, mas não totalmente, concluídos, saberá que precisa de uma pitada a mais de diligência para levar seus planos à fruição.

Ao selar o envelope do segundo mês de previsões, você estará se desafiando a fazer um uso melhor do tempo. Não deixe que esse desafio o perturbe. Pode ser tentador produzir uma lista sobre-humana de tarefas, mas não é para isso que serve fazer previsões. Não acrescente algo que o tentaria a dar um jeitinho ou que possa ameaçar seu plano maior para o sucesso. Quando abrir o envelope no fim do mês, você pode não estar satisfeito ainda com a sua produtividade, mas entenderá muito mais sobre como está usando o seu tempo e como pode melhorar o jeito como trabalha.

Engenheiros, é melhor resistir à tentação de usar as predições como um itinerário de ônibus. As circunstâncias mudam, e vocês precisam permanecer flexíveis. Se surgir algo que requeira seu tempo e sua atenção, não hesitem em adaptar-se a novas oportunidades e novos problemas. É raro vocês não terem uma noção clara do que precisa ser feito e quando. Para vocês, a questão é se enxergam um plano como uma ferramenta ou um conjunto de comandos. Essa abordagem pode mostrar-lhes que fazer ajustes não é um tipo de heresia.

É mais provável que os improvisadores vejam alguns itens das suas listas que continuam ali mês após mês. Não é que vocês não saibam o que precisa ser feito; a dificuldade está em arranjar as coisas de modo que o seu jeito livre e fluido de trabalhar atenda mais do que as necessidades momentâneas. Mais do que com os engenheiros e os teóricos, vocês verão que suas metas em geral ficam em segundo lugar em relação às necessidades das outras pessoas. Se você é aquele que vive ajudando pessoas que estão em crise, não estará atendendo às suas próprias necessidades. Tente evitar essas distrações e coloque ênfase extra nas suas metas ao longo do mês.

Teóricos, vocês perceberão que uma percepção duradoura de prazo ajuda a aguçar sua determinação para trabalhar tanto quanto para planejar o trabalho. Talvez seja um grande choque para vocês quando abrirem seu envelope no final do mês, porque verão quanto ainda falta fazer. Recomendo usar essa técnica em períodos mais curtos, talvez a cada uma ou duas semanas, para incrementar sua percepção do passar do tempo. Vocês são capazes de realizar muita coisa, geralmente em curtos períodos de explosão, mas podem aprender a aplicar essa atividade de forma mais metódica. Quando começarem a ver os frutos do seu trabalho, verão que não precisam se cutucar para começar a trabalhar. Vocês trabalharão pela sensação de realização.

Todos nós combinamos alguns aspectos de cada um desses três estilos de manejo de tempo. Podemos ser engenheiros no que tange a tarefas rotineiras, improvisadores em questões familiares, e teóricos no que se refere ao nosso propósito maior. É importante que você determine quais desses estilos dominam seus hábitos de trabalho e quais o estão restringindo.

Napoleon Hill via dois tipos de estilo: fazedores e errantes. Os *fazedores*, ele escrevia, são raros, duas pessoas em cem que têm um plano para o sucesso e estão fazendo esforços diários para vê-lo virar realidade. Os *errantes*, a grande maioria, prendem-se a antigos hábitos de apenas seguir adiante, reclamando de que estão infelizes com a vida, mas sem jamais fazer um esforço sistemático para alterar suas circunstâncias.

Você é um fazedor. Você não teria lido até aqui sem ter algo em você além de uma curiosidade qualquer. Você sabe o que quer, e sabe como alcançar. Qualquer sensação que tenha agora de que não está realizando tudo de que é capaz é simplesmente uma indicação de quão preparado você está para tornar-se um fazedor extremamente eficiente.

Faça algumas predições agora. Encha um envelope com o que você realizará dentro de apenas uma semana e entre em ação. Equipado com sua nova percepção do que é possível, você abrirá esse envelope dentro de uma semana e se impressionará com o que fez. A transição de fazedor em potencial para fazedor real leva pouco tempo. Quando tiver percebido isso, você saberá que nem um mês, ou uma semana, ou um dia, tem que passar sem o gostinho da realização que vem de aplicar o seu tempo como você sabe que precisa ser aplicado.

O que você está esperando?

DINHEIRO

O dinheiro é uma ferramenta deliciosa. É um artifício que usamos para fazer tudo, desde nos alimentar e vestir até criar uma sensação de segurança e proteção contra as surpresas chatas da vida. Todos nós precisamos dele, em um ou outro nível, mas não importa se você precisa de caminhões de dinheiro ou apenas o bastante para ter um teto sobre a cabeça, controlar como o gasta e adquire é vital. É importante avaliar as coisas para ter certeza de que você está usando o seu dinheiro para avançar as suas metas. É fácil entrar num ciclo equivocado, ficar gastando naquilo em que você sempre gastou, simplesmente porque encontrou um padrão confortável. Pergunte-se quão antigo é esse padrão. Ele data de uma época anterior a quando você soube o que queria da vida? Ele leva o seu propósito maior em conta? Talvez seja o momento de reavaliar o que funcionava antes para descobrir se isso pode funcionar ainda melhor.

O conselho a seguir será dirigido a pessoas que reparam que têm dificuldade com o dinheiro. Mas não faria mal até aos gurus das finanças dar uma olhada no orçamento e se fazer as mesmas perguntas difíceis. É importante que o seu dinheiro vá para as coisas que são mais significativas para você.

Economias

Uma regra muito conveniente afirma que você deveria reservar 10% dos seus ganhos mensais e que você deve ter um fundo de emergência suficiente para se sustentar por três meses. Essas referências são mais adequadas a pessoas que têm salário fixo. *Freelancers* e pessoas envolvidas em negócios sazonais sabem que épocas magras se seguem a épocas fartas, e devem se ajustar de acordo.

Economizar dinheiro parece impossível quando você está com dificuldades financeiras. Mas é essencial, não apenas para sua saúde financeira de longo prazo, mas também porque ter uma reserva reduz o medo de ficar pobre. Se entrar em pânico com relação às finanças, você tomará decisões erradas apenas por um momento de respiro.

Se você não economiza regularmente, comece agora mesmo. Guarde alguma quantia toda semana, mesmo uma soma pequena, como vinte reais, que lhe daria mais de mil, mais os juros, daqui um ano. (Isso não soa como uma bela quantia de dinheiro para ter? Então você realmente precisa começar a economizar.) Economizar é um hábito, e ele só se fortalece quanto mais você o exerce. Transfira o dinheiro para uma conta-poupança; não apenas reserve a quantia na sua conta-corrente para não ser gasto, porque você vai acabar gastando.

O dinheiro que você economiza semanalmente tem de vir primeiro, antes de mais nada. É muito mais fácil fazer render o dinheiro para outras coisas do que tentar encontrar dinheiro para economizar depois que você já gastou. Se você tem um plano de dedução no salário no trabalho, use. Se não tiver, transfira dinheiro para sua conta-poupança no dia em que o salário cair. Comece a pensar no seu salário, com relação ao valor, depois que você já deduziu o valor da poupança. Não se tente a contar com esse dinheiro extra nem mesmo para pagar as contas.

> *Não há melhor maneira de sentir que você está controlando o dinheiro do que ver a quantia numa conta aumentar constantemente.*

Depois de ter economizado por um tempo, você ficará empolgado. Se andou vivendo de salário em salário, ter uma reserva é incrivelmente gratificante. Concentre sua sensação de realização naquilo que agora você sabe que é possível ao aumentar o depósito na poupança. Não há melhor maneira de sentir que você está controlando o dinheiro do que ver a quantia numa conta aumentar constantemente.

Futuramente, você chegará ao ponto em que fará um depósito considerável na poupança a cada mês, e terá um fundo suficiente para cobrir suas necessidades numa emergência. Esse é o ponto no qual você pode começar a explorar outras opções, incluindo uma aposentadoria planejada e investimento no mercado de ações. Não coloque o dinheiro de reserva num lugar no qual lhe custará uma multa ou taxa para acessá-lo, e não o invista em nada que tenha risco.

Existe uma enorme tentação de tentar fazer dinheiro com as suas primeiras economias mais significativas, mas resista. Você precisa saber que esse dinheiro estará sempre lá, esperando-o. Investimentos inteligentes podem ser

> *Todos os investidores inteligentes também economizam.*

muito lucrativos, mas você jamais deveria comprar ações ou investir em fundos com um dinheiro que você não pode se dar o luxo de perder.

Fazer a transição de economizar para investir pode ser empolgante, mas isso deve ser feito com cuidado. Procure conselho, comece pequeno e com cuidado, e sempre se lembre de que investir traz consigo o risco de perder. Todos os investidores inteligentes também economizam.

Orçamento

Delinear um orçamento é uma atividade incrivelmente reveladora, porque pode lhe mostrar quanto dinheiro está sendo gasto sem um propósito válido. Analisar seu talão de cheques e as faturas de cartão de crédito lhe dará as linhas gerais de para onde vai o seu dinheiro. Categorize seus gastos e descubra quanto você está gastando com a hipoteca ou o aluguel, com comida, roupas e utilidades, bem como entretenimento, transporte e saúde. Você descobrirá duas coisas importantes: 1) uma boa quantia de dinheiro continua sem ser contabilizada, pois há pequenos gastos em dinheiro vivo para todo tipo de coisa, do cafezinho a uma compra por impulso; e 2) você ficará chocado com a porcentagem alta que é gasta em coisas que você nunca planejou comprar.

Certa quantia de gasto flexível não é uma coisa ruim, como flores para celebrar boas notícias. Mas, assim que você ficar ciente de quão rápido o dinheiro escoa por causa de itens como esse, começará a ser mais ponderado e frugal com relação a eles. São esses pequenos gastos que podem se somar num mês e deixá-lo no aperto. Esses são os melhores momentos para você economizar nos gastos.

Outros parentes provavelmente resistirão. Você vai superar a resistência deles garantindo que saibam que você é tão "vítima" da sua parcimônia quanto eles, e lhes dando uma noção do propósito por trás das suas escolhas. Não há nada de errado em explicar que esse

Revelando o maior segredo de Napoleon Hill

dinheiro pode ser gasto apenas uma vez, num novo par de tênis ou na viagem da família, ou que o teto precisa ser reformado neste mês, e outras coisas ficam para outro momento. Ensinar às crianças como se escolhe gastar dinheiro é uma ótima maneira de lhes dar uma boa noção do valor do dinheiro muito antes de elas ganharem e gastarem o delas.

Cuidado com falsa economia. Coisas baratas que estragam rápido são mais caras do que itens caros e bem-feitos. Se você decidir levar o almoço para o trabalho a semana toda e comprar alimentos para tanto, certifique-se de ter tempo para cozinhar, ou a comida pode acabar indo parar no lixo. Se resolver economizar fazendo você mesmo algo que normalmente outra pessoa faria, seja aparar a grama, seja lavar o carro, vale a pena pensar se o seu tempo não será mais bem gasto em outra atividade.

A primeira olhada que você dá no seu orçamento pode ser chocante. Evite a tentação de fazer mudanças grandes imediatamente. Em vez disso, seja metódico e observador com relação aos efeitos da sua nova abordagem. Hábitos de gastos podem ser mudados, mas fazer isso demanda esforço, e você pode ter mais sucesso com empenho focado. Se cuidar das coisas às pressas, vai apenas se frustrar e concluir que foi tudo uma perda de tempo.

Lembre-se de que o orçamento é uma ferramenta, não uma lei. Distribua o dinheiro segundo as suas necessidades e prioridades, e não em porcentagens que funcionam para os outros. Talvez você precise usar roupas caras no trabalho, ou dirigir um longo caminho para chegar lá, o que traz consigo muito gasto com gasolina e manutenção do carro. Um passeio em família todo mês pode valer cada centavo se for para fortalecer os laços.

Apenas se esforce para ter certeza de que você sabe por que está gastando o que está gastando. Essa noção, por si só, já é uma ótima economia de dinheiro. Logo você entenderá como cada real que vai embora está servindo aos seus interesses ou contrariando-os.

Fazer ajustes na forma como você gasta tempo e dinheiro é um processo perpétuo. Não há nada de errado em reconhecer que algo precisa mudar por não cumprir mais a função que cumpria antes. A chave para um manejo de recursos eficientes é a disponibilidade de se adaptar combinada com estar ciente das suas metas e a determinação de fazer as mudanças necessárias.

Seu plano para alcançar o seu propósito maior será seu guia ao distribuir o tempo e o dinheiro à sua disposição. Ele lhe permitirá prever necessidades antes que estas surjam, e lhe fornecerá uma base sobre a qual tomar decisões e até escolher fazer sacrifícios quando for necessário. Conforme for entendendo suas necessidades e habilidades particulares, pode ser adequado ajustar o seu plano, mas, por favor, não cometa o erro de subestimar o que você é capaz de fazer.

Como acontece com todos os princípios do sucesso, você crescerá demais na sua habilidade de manejar seus recursos. Verá que agir com fé na sua habilidade de dar certo é parte importante de usar tempo e dinheiro de modo proveitoso. Foque o seu pensar na eficiência, e não na escassez, ao implementar o seu plano. Embora tempo e dinheiro possam estar em falta quando você começar, você pode torná-los abundantes por meio dos seus esforços conscientes para alcançar o seu propósito maior.

CAPÍTULO 16

VIDA INTELIGENTE

"Aprenda a diferença entre ser inteligente e sábio e você terá mais conhecimento do que muitos que acreditam que são especialmente instruídos."

– Napoleon Hill

Conforme você ficar mais confiante na sua habilidade de ter sucesso, e conforme acrescentar mais desafios e responsabilidades à sua vida, a importância do seu propósito maior ficará ainda pleno e mais forte do que é agora. Provar para si mesmo que você é uma pessoa de sucesso é uma experiência poderosa. As pessoas que conseguem canalizar esse novo senso de poder em ação construtiva começam a se sentir mais vivas do que nunca, e obtêm mais satisfação de suas atividades diárias do que um dia acreditaram ser possível.

Seu senso de possibilidade, saber que você tomou o controle do rumo da sua vida, é uma das grandes recompensas das ideias de Napoleon Hill. Como muitas pessoas, talvez você descubra que perceber isso é tão valioso quanto qualquer outra coisa que você aprenda com a filosofia de Hill. Muito antes de finalmente alcançar sua grande ambição, você se sentirá forte, bem-sucedido e orgulhoso de si mesmo e da sua vida.

Revelando o maior segredo de Napoleon Hill

Em meio a essa empolgação inebriante, talvez você sinta também o ímpeto de concentrar toda sua energia, todo seu esforço e todo seu tempo no seu plano para o sucesso. Não há nada de errado nisso; na verdade, está mais para necessário. Quanto maiores forem as suas ambições, mais de si mesmo você terá que oferecer para alcançá-las. Contudo, ao fazer isso, não sacrifique sua saúde mental e física.

Manter-se saudável é algo constante na mídia hoje em dia. Como notado anteriormente, há um número infinito de revistas e *sites* devotados a esse assunto; jornais e televisão passam sempre programas sobre *fitness*, dietas e doenças. Se considerasse toda a informação disponível como regra, você ficaria paralisado, porque boa parte dela é contraditória. Você acabaria, também, emocionalmente em frangalhos, já que o tema por detrás da maioria desses artigos é prestar atenção a essa informação ou com certeza sofrer.

Ignore essas modinhas, mas preste atenção à sua saúde, porque uma mente e um corpo fortes são úteis para alcançar o seu propósito maior, mas ainda mais essenciais para saborear o seu sucesso tanto em longo quanto em curto prazo. Sua saúde, como todos os outros princípios do sucesso, não pode ser negligenciada. Ela requer atenção e ação. Mais uma vez, o fator mais importante nos seus esforços para ser saudável é sua atitude.

AMP = AMS

Uma Atitude Mental Positiva equivale a uma Atitude Mental Saudável. A AMP ajuda-o a agir para se manter saudável e mantém sua mente focada em pensamentos saudáveis. Você pode se desgastar e se deixar doente tanto por ato quanto por pensamento. Manter sua mente positiva o protege de ambos.

Há pouca discussão acerca do que nos mantém saudáveis. Exercícios regulares mantêm o corpo tonificado e o coração forte. Dormir o suficiente ajuda a ficar alerta e enérgico. É importante prestar atenção à rotina. Todas essas questões são importantes para ser saudável. Mas, se as abordar como obrigações, como tarefas que lhe foram atribuídas por autoridades da medicina, elas sempre serão desagradáveis. No máximo, você as realizará como um dever, e é nisso que a AMP pode ter um papel importante.

Quando abordar essas tarefas de autocuidado tendo total ciência do que você obtém delas, verá que elas parecerão menos onerosas. Exercitar-se não é uma batalha constante para ser esguio: é uma maneira de bombear energia pelo seu corpo. O sono não é algo para o qual você desaba no final de um longo dia: é um momento para recarregar-se e revitalizar-se. E já que você sabe que sua imaginação e seu subconsciente continuarão a trabalhar para você enquanto dorme, não precisa sucumbir à ideia de que o sono é, de alguma forma, um tempo em que você deveria estar buscando as suas metas.

Ser saudável é um hábito, como todas as outras atitudes que colocam os princípios do sucesso para trabalhar para você. Se abordar as coisinhas rotineiras que lhe garantem boa saúde com a convicção de que você se beneficia com elas – em vez de pensar nelas como coisas que devem ser feitas –, você verá que esses hábitos logo ficam enraizados. Serão automáticos, você não os temerá, e os fará com muita disposição.

Conforme altera o seu jeito de pensar de modo que saiba que está cuidando de si mesmo, você verá que sua autopercepção como uma pessoa saudável crescerá. Novas decisões quanto à sua saúde serão mais fáceis de tomar.

A AMP não prevenirá o câncer ou um resfriado comum. Não há garantias de que fazer tudo direito vai impedir problemas de qualquer tipo. Mas o que a AMP fará é prepará-lo para lidar com a doença se esta vier.

Revelando o maior segredo de Napoleon Hill

A atitude com que você lida com uma doença grave ou uma gripe de três dias tem efeito profundo na sua habilidade de se recuperar e continuar a definir sua vida nos seus termos. Se a sua saúde requerer, você pode ter que reunir todos os recursos que detém na tentativa de melhorar. Mas sem a AMP, você entrará nessa batalha com uma sensação de derrota iminente. Não acessará todos os recursos de que precisa, não lutará tão forte quanto deveria, e passará tanto tempo batalhando contra o desespero quanto contra a doença em si.

Se, por outro lado, você tem AMP, será capaz de lutar melhor e vencer. Buscará informação e se tornará um participante ativo no seu tratamento. Sua atitude afetará todos de que você depende para melhorar. Médicos e enfermeiras podem talvez conseguir fazer até mais por você, porque você tem em si a disposição de fazer o que for preciso. Familiares e amigos se juntarão ao seu redor, inspirados pela sua determinação.

Prestar atenção na sua saúde, com foco na ideia de que você está fazendo o necessário para se manter bem, é a essência de uma atitude mental saudável, então, é importante procurar médicos e outros profissionais que apoiam essa ideia. Uma pessoa que não lhe explica um procedimento, ou que o faz com superioridade ou impaciência, não o ajuda nem um pouco a ficar bem. Faça perguntas livremente, busque segundas opiniões e, caso necessário, encontre um novo profissional de saúde que entenda quão significativo é o papel que você exerce no próprio bem-estar.

BEM-ESTAR FÍSICO

Eis alguns fatores que têm relevância na sua habilidade de criar sucesso para si mesmo.

Peso e exercício

O peso causa impacto significativo na saúde. As pessoas que estão bem acima do peso têm mais chances de ter muitas doenças e viver uma vida mais curta. Dito isso, não é tão significativo se encaixar direitinho no conceito de outra pessoa de qual é o seu peso ideal. Uma pessoa esguia que não faz exercício está pior, a meu ver, do que uma pessoa mais pesada que se exercita regularmente. Por quê?

Para começar, a saúde do coração é um fator tão significante para a saúde quanto o peso. Três ou quatro sessões por semana de exercício vigoroso podem não derreter as gordurinhas, mas têm outros benefícios:

1. Seu coração fica mais forte, bem como os músculos que você usa.
2. Exercícios regulares aumentam seus níveis de energia.
3. Você cria o hábito de fazer algo saudável, o que é sempre bom.
4. O hábito positivo de se exercitar tem mais chances de levá-lo a fazer outras coisas boas para sua saúde do que o hábito negativo de se alimentar menos.

Nada disso é desculpa para não tentar lidar com um problema sério de peso, especialmente quando isso está causando um impacto perceptível na sua saúde. Mas você ficará muito melhor se fizer uma mudança realista no seu comportamento do que se fizer algo drástico, como seguir uma dieta da moda. Se seu peso aumentar e diminuir porque você está seguindo um regime restrito há algum tempo, retorne aos hábitos de antes; você só está dizendo a si mesmo que não tem problema ganhar peso, porque você pode perder de novo, depois. Passar fome e depois comer demais diz para o seu corpo que a comida vem em ciclos de abundância e escassez. Seu corpo acumulará gordura de acordo, quando puder, como garantia contra esses momentos de escassez.

O peso é algo com que você precisa lidar nos seus termos, e pelos seus motivos. Fazer dieta para ficar atraente para os outros não vai durar, se não por outros motivos, porque você nunca será atraente para todo mundo. Ainda assim, enfrentará rejeição, seja lá qual for o seu peso, e, se sua única motivação para perder peso é ser atraente para todo mundo, logo você concluirá que fracassou e desistirá.

Pense no seu peso pelo ponto de vista mais amplo de quão saudável você pode ser. Se engordou uns cinco quilinhos que parecem não sumir jamais, vai ver eles não têm mesmo que sumir. Talvez seja a hora de avaliar sua saúde em geral, em vez do tamanho da sua barriga.

Fumar

Uma quantidade impressionante de pessoas ainda fuma. Se você é fumante, não precisa ouvir uma palestra sobre todos os problemas aos quais está se arriscando. Mas, quando estiver pronto para parar, tem todo um leque de habilidades e técnicas à sua disposição que você aprendeu neste livro. Você sabe como trocar um mau hábito por um bom. Sabe como aplicar autodisciplina, como usar seu entusiasmo para se motivar e como criar AMP para alcançar coisas que lhe são importantes.

Parando de fumar, você economizará dinheiro. Suas roupas e a sua casa não vão mais cheirar mal. Isso vai mostrar às outras pessoas que você é capaz de fazer escolhas difíceis e significativas, porque parar de fumar é difícil. Vai lhe dar mais energia, melhorar a saúde dos seus dentes e lhe dar a satisfação de uma realização importante.

Entorpecentes

Você não tem que ser alcoólatra para perceber quando o álcool está exercendo um papel grande demais na sua vida. E não tem que ser viciado em drogas para usá-las a fim de fugir de outras questões com as quais precisa lidar.

Uma taça de vinho com um bom jantar ou uma cerveja gelada num churrasco não fazem mal. O problema mesmo é se você usa alguma substância como modo de evitar alguma coisa. O melhor teste é ver o que acontece se você resolver ficar sem o drinque na próxima vez em que pensar em participar. Se ainda sente vontade meia hora depois, talvez você precise pensar bem em por que está usando álcool.

Às vezes, é somente uma questão de hábito: você sempre toma um drinque quando sai para jantar. Perceba isso, e provavelmente poderá romper com o hábito, permitindo-se somente quando uma ocasião especial sugerir.

Mas se você realmente não consegue romper com o hábito, é hora de procurar ajuda. Provavelmente o uso que você faz ainda está num estágio inicial e não começou a causar problemas, ou você não precisaria deste capítulo para mencionar isso. Mas esse hábito causará problemas cada vez maiores se você se recusar a lidar com ele; então, procure um terapeuta ou um grupo de apoio e se comprometa a parar.

BEM-ESTAR MENTAL

Sua mente é sua para que a controle. Todos os princípios que você aprendeu neste livro e começou a aplicar são incrivelmente benéficos para a sua saúde mental: eles lhe dão um senso de força e segurança, ajudam a alcançar clareza no pensamento e focam as suas energias mentais para criar coisas que são positivas e recompensadoras.

Revelando o maior segredo de Napoleon Hill

Mas isso não significa que você não deve procurar ajuda quando precisa. Buscar apoio e direção para lidar com problemas emocionais é um passo tão sábio e positivo quanto adotar a AMP. Não é nada mais que formar uma aliança de MasterMind para o propósito de manter sua mente saudável.

Você não é fraco ou incompetente porque procura conselhos de um terapeuta ou dc um grupo de apoio. A verdadeira fraqueza estaria em negar que precisa de ajuda que venha de fora, e isso se aplica tanto se você está apenas começando a alcançar o que quer na vida quanto se está tão perto da sua meta que já pode sentir o gostinho. A depressão e os vícios não são sinais de fracasso. Eles não indicam mau-caráter, falta de inteligência e escassez de talento.

Enquanto trabalha para resolver um problema, você pode continuar fazendo progresso rumo ao seu propósito maior. A satisfação que você obtém com o seu trabalho pode ser uma ferramenta importante para restaurar o seu senso de equilíbrio e liberdade. Não pense que você tem que ser perfeito: você só precisa ter a confiança de que está fazendo o que é necessário.

Todos os princípios deste livro serão incrivelmente úteis para manter sua mente saudável. Imaginação ativa, subconsciente direcionado para pensamentos positivos, senso de capacidade e realização, e controle sobre seus hábitos são todos cruciais para manter sua estrutura mental forte e vigorosa. Algumas das suas mais poderosas faculdades mentais, principalmente a imaginação, costumam fazer seu melhor trabalho quando são estimuladas de um jeito totalmente novo. Se está sempre numa tarefa, você nunca dará à sua mente a liberdade para trabalhar por conta própria. Em uma vida que é cheia de pressão, pode ser bom voltar-se para algo gratificante que não tenha absolutamente nada a ver com sua carreira ou qualquer outra ambição.

> *Você pode ser mais saudável amanhã do que é hoje simplesmente decidindo que é isso que quer.*

Agarre essa oportunidade de ouro com prazer e a certeza de que você será capaz de apreciá-la pelo tempo que for possível, e sua vitória na vida será ainda mais doce.

Você pode ser mais saudável amanhã do que é hoje simplesmente decidindo que é isso que quer. Você tem, sim, que trabalhar nisso, e o trabalho nem sempre é divertido, mas as recompensas são ótimas.

Uma boa saúde ajuda a criar sucesso, porém, muito mais importante, ela torna possível apreciar o sucesso onde e quando quer que você o crie.

CAPÍTULO 17

FAZENDO A GRANDE CONEXÃO

"Esses dezessete princípios são a essência da ação e da atitude de todos que, alguma vez, tiveram uma realização duradoura."

– W. Clement Stone

Torço muito para que todos os princípios de Napoleon Hill discutidos neste livro estejam se tornando parte da sua vida. Suas chances de alcançar o seu propósito maior serão muito menores se você ignorar qualquer uma das lições desta obra. Entretanto, o que é mais importante acerca das ideias de Napoleon Hill não é que há certa quantia de princípios discretos, mas que cada um reflete e se relaciona com os outros. Não tem como implementar um sem pelo menos alguns dos outros.

Cada princípio de sucesso é, de certa maneira, simplesmente um aspecto deste último princípio. Napoleon Hill o chamava de força cósmica do hábito. Pode-se chamá-la também de *conectividade*. Em termos simples, ela afirma que todos os seus pensamentos e ações criam o mundo no qual você vive. Suas esperanças e seus medos, sonhos e ações determinam o que acontece com você. Chegamos mais perto de tocar essa ideia nas lições acerca da fé aplicada e de dar um passo a mais, quando lidamos com a preparação para a oportunidade e o sucesso. Mas esse princípio é tão abrangente e tão profundo em suas implicações que demanda um exame todo seu.

Você provavelmente já encontrou variações desse tema de outras maneiras. Algumas pessoas chamam-no de viver sob a Regra de Ouro. Outras pensam nele como carma, embora eu não esteja falando sobre o que acontece com você em outra vida. A conectividade está no coração da máxima de Napoleon Hill que afirma que tudo que você puder conceber e nisso acreditar você pode alcançar.

Você está pronto para começar a pensar na sua vida como um modo de se preparar para o sucesso? A ideia é libertadora e perturbadora ao mesmo tempo. Ela lhe dá liberdade e responsabilidade em porções igualmente enormes. Os resultados não são sempre certinhos, precisamente previsíveis: isso pode ser tão empolgante quanto chocante. Mas abraçar a conectividade é o único jeito certo de unir todos os outros princípios do sucesso para que todos eles trabalhem para você alcançar o seu propósito maior.

VERDADE UNIVERSAL

O universo funciona de formas fixas, inegáveis, e você precisa entender essas verdades para conseguir o que quer da vida.

Primeiro, e o mais importante, para cada ação há uma reação. Mesmo algo simples como respirar cria uma complexa série de reações nos seus pulmões, na corrente sanguínea e nos músculos. Ao mesmo tempo, você altera o conteúdo do ar na sua sala, removendo oxigênio, expelindo dióxido de carbono e água, perturbando as correntes de ar existentes, aumentando a temperatura um pouquinho. Cada vez que você respira, literalmente altera o mundo, e tudo mais que você faz também tem efeito.

Segundo, nada acontece sem uma causa. Existem eventos aleatórios, dizem os teóricos do caos, mas até mesmo o aleatório acontece em resposta a um estímulo. A aleatoriedade é uma questão de causas que não podemos entender ou predizer totalmente, não de mudanças espontâneas e arbitrárias. Predizer como o ar que você expele vai alterar os padrões climáticos na sua cidade é impossível porque tantos resultados aleatórios são possíveis a partir até mesmo dessa ação pequena. Mas o clima, por mais complicado que seja, e mais difícil, para nós, de entender, ocorre por uma diversidade de causas. Ele não acontece do nada, seja lá como lhe pareça quando chove após um glorioso dia de sol.

Terceiro, não há como criar algo do nada. A matéria pode ser convertida em energia, e vice-versa. Mas qualquer mudança no mundo, seja na forma, na localização da matéria, ou no tipo ou na intensidade da energia, requer que se entregue algo. Nada aparece na realidade por conta própria: tudo que existe é resultado de uma interação entre outras forças e objetos existentes. Até mesmo a energia supostamente "gratuita" que colhemos nos painéis solares é resultado de complexas reações de fusão no Sol, e o processo de coleta, em si, demanda a criação de objetos específicos, o que requer investimento de matéria e energia antes que se possa começar a colher energia do céu.

Essas primeiras três ideias são lugares-comuns da ciência de que você deve se lembrar pelo que viu nas aulas de química ou física no ensino médio. Milhões de pessoas sabem disso. A verdadeira questão é se elas pensam em aplicar isso, e, ao aplicar, começam a moldar sua vida. A vasta maioria das pessoas simplesmente não consegue reconhecer a quarta e última verdade universal:

Você faz parte desses sistemas físicos tanto quanto um átomo debaixo da crosta de Plutão, com uma diferença crucial: você tem a habilidade de escolher como age e como reage, para qual causa, e o que usará para criar as coisas que quer.

Você é um ser humano. Até onde sabemos, os humanos são únicos no universo, por sua habilidade de determinar um propósito para a sua existência e escolher como cumprir esse propósito. (E ainda que existam outras criaturas lá entre as estrelas com um dom similar, é esse dom que as definirá, do mesmo modo que define a nós.)

Todo o propósito da filosofia de Napoleon Hill é acordá-lo para perceber isso. Você pode moldar sua vida por meio do uso dessas verdades universais. Se não perceber isso, ainda estará sujeito a essas verdades, mas elas, e não você, definirão completamente quem você é. Você ficará tão à mercê das grandes forças do mundo quanto uma partícula solar passando a toda a velocidade pela Terra para trilhões de anos de frio oblívio, a caminho de tornar-se detrito da galáxia, inútil, esquecida e, finalmente, sozinha.

Mas se acordar para a ideia de que não é apenas um átomo expelido de uma vasta e complexa reação, você pode ser qualquer coisa que quiser. Então, escolherá devotar seu pensamento e as suas ações para moldar o jeito como o universo responde a você. Embora sejam significantes, as verdades que você deve reconhecer são infinitamente inflexíveis. Você encontrará um jeito próprio de aplicá-las e, a partir dessa aplicação, obterá o seu propósito maior.

AÇÃO E REAÇÃO

Até agora, você provavelmente passou a vida toda reagindo. Respondeu a ideias e imagens, canções e histórias, e vontades físicas. Mas ao aplicar o que aprendeu neste livro, começou a alterar essa equação. Você não é mais apenas um objeto – você é uma força.

> *Simplesmente não existe garantia melhor de que as suas ações produzirão os resultados desejados do que manter seu pensamento positivo e construtivo.*

Você já definiu qual é o seu propósito maior a essa altura, fez sua escolha livremente, a partir dos seus desejos, não para satisfazer as expectativas de familiares e da sociedade. Ao fazer essa escolha por conta própria, por um momento você parou de simplesmente responder à vida e percebeu que podia moldá-la.

Você está continuamente fazendo escolhas. Não há como saber os efeitos de longo prazo de toda ação. A aleatoriedade trará surpresas, boas e ruins. Contudo, ações sustentadas, deliberadas – em longo prazo –, produzirão resultados sistemáticos, consistentes. E então a questão passa a ser que tipo de escolhas você está fazendo.

Foi por isso que este livro começou com a AMP. Simplesmente não existe garantia melhor de que as suas ações produzirão os resultados desejados do que manter seu pensamento positivo e construtivo. Se as suas ações são baseadas em medo do fracasso, na expectativa de decepção, esses serão os resultados que você acabará colhendo. Mas se as suas ações se baseiam na crença do sucesso, é isso o que você acabará alcançando.

O mesmo vale para o seu pensamento, só que ainda mais. Agir leva tempo, e não há como fazer muita coisa ao mesmo tempo. Já os pensamentos, podemos ter centenas deles num instante, por exemplo, no tempo que leva para vestir um par de sapatos. Os pensamentos têm reações tanto quanto têm as suas ações. A AMP é o melhor jeito de fazer seus pensamentos produzirem as reações que você quer na vida.

Não se preocupe com dúvidas ocasionais, lampejos de raiva ou ciúme ou outras emoções negativas transitórias. Se cultivar a AMP de modo implacável – sim, implacável –, você compensará esses lapsos de pensamento negativo. Mas se detectar um pensamento negativo regular, habitual, redobre seus esforços para construir AMP.

As verdades universais não o punirão invariavelmente por pensamentos negativos do passado se você se devotar a fortes pensamentos positivos agora. Às vezes, no entanto, você terá que lidar com um evento negativo iniciado há muito tempo. Não se demore. Reconheça o papel que você teve, faça reparações logo, com generosidade, e nunca, jamais, fique pensando em qual evento negativo será o próximo a vir. Preocupação gera preocupação. Reações honestas, no entanto, neutralizam antigos erros. Pode muito bem ser o caso de que admitir um antigo ato ou pensamento negativo o liberte de enfrentar mais destes. E, se não o fizer, lembre-se de que, quanto antes você aceitar a responsabilidade, mais cedo acrescentará essa ação positiva ao seu estoque de efeitos úteis e construtivos que você pôs no mundo.

No Capítulo 11, "Vivendo uma vida de valor agregado", você viu como pode se preparar para benefícios inesperados sendo liberal ao entregá-los aos outros. Quando essas coisas maravilhosas vierem, reconheça-as abertamente, partilhe-as sempre que possível e nunca pare de contar, na sua mente, quanto você finalmente está recebendo de volta mais do que deu. Não importa se isso nunca acontecer. Ceder seu assento no ônibus para alguém que precisa não garante que, algum dia, alguém fará o mesmo por você. O universo não é tão certinho assim. E não queremos que seja. Talvez você nunca precise de um assento num ônibus. A ajuda de que precisará num momento importante provavelmente será muito diferente.

O que importa é você conseguir o que quer e precisa para o seu propósito maior. Aceite e celebre as boas reações que você criou para si mesmo; ao fazer isso, você basicamente vai se preparar para mais.

Tudo que vai um dia volta. Seja generoso, e receba generosidade. Seja positivo, e receba energia positiva de volta. Seja mesquinho...

CRIANDO UMA CAUSA

Definir um propósito para sua vida significa que você começa a determinar a causa dos eventos na sua vida. Você não será a única causa, mas pode se tornar a causa dominante e criar uma maré de eventos e circunstâncias que o leva aonde você precisa estar no intuito de ser feliz. Faça um esforço diário para lembrar a si mesmo do que lhe é mais importante. Concentrar todos os pensamentos na sua meta por nem que seja uns poucos minutos por dia vai alterar a cor de tudo que você faz nesse dia. Isso não o deixará cego para as necessidades das outras pessoas, mas vai garantir que até as tarefas mais rotineiras sejam enfrentadas com um senso de como elas podem ajudá-lo a alcançar o seu propósito maior.

Uma das consequências perturbadoras de aprender os princípios de sucesso é que você percebe como ações aparentemente triviais afetam o seu progresso rumo ao que você quer: um aperto de mão, fechar uma carta, o saco de batata frita que você come no almoço ou o artigo que lê numa revista. Todos esses têm efeitos em você, nas suas relações com os outros e no seu propósito maior. É fácil sentir-se sobrepujado ao reparar nisso. Mas o melhor jeito de contrapor seu senso de responsabilidade gigantesca é garantir que a sua mente fique fixada no que você quer na vida.

O pensamento preciso e a atenção controlada dependem de você ter um propósito definido, uma causa. Quando eles são informados por uma percepção aguçada da sua meta na vida, pequenas coisas não requerem um processo agonizante de tomada de decisão: você sabe automaticamente o que servirá ao seu propósito e age rapidamente de acordo com isso. Mesmo que perceba, mais tarde, que, num momento específico, havia uma escolha melhor a ser feita, você ainda sabe que está acumulando uma história de ações que o levam para mais perto da sua meta.

A perfeição é impossível nos seres humanos porque nossa imaginação pode sempre inventar um jeito melhor de ser e fazer. O que você tem que buscar ao criar conectividade não é uma pureza absoluta, clara como cristal, mas um movimento de constante construção rumo ao que você decidiu tornar-se. Erros e fracassos vão ocorrer, mas, ao saber que a força da sua vida está direcionada para uma meta valiosa, você entenderá como até um contratempo temporário tem certo valor. Seu entusiasmo sobreviverá ao fracasso e à decepção temporários contanto que você retenha o impulso rumo ao seu objetivo.

Haverá eventos que serão de embasbacar. Aleatoriedade é o nome que damos a causas tão intrincadas que não conseguimos revelar imediatamente. Mas a aleatoriedade será menos ameaçadora e parecerá muito menos arbitrária quando você tiver a convicção de que está em busca de uma causa justa. Você saberá que a forma e a direção da sua vida ainda são definidas pelo seu propósito maior, e saber disso lhe dará a determinação, a energia e a desenvoltura de que você precisa para lidar com qualquer coisa inesperada.

O que é igualmente importante, no entanto, é que se tornar aquele que molda o seu destino significa que a vasta maioria de circunstâncias e eventos começa a refletir suas necessidades e desejos. Você será um sucesso. As coisas irão ao seu favor. Você será alguém que encontra aquilo de que precisa no mundo. Os outros podem até chamá-lo de sortudo, mas você saberá que criou sua sorte ao entender e usar a verdade universal.

Dizem que sucesso gera sucesso. Isso não é lá tão verdade quanto a ideia de que o sucesso vem com uma série de ações e pensamentos que, tendo tornado possível uma meta, fazem mais metas possíveis de alcançar. Torne-se a causa dominante na sua vida e você criará, para si mesmo, esse mesmo tipo de impulsão.

ALGO EM TROCA DE ALGO

Anteriormente, falamos de como você reagiria se subitamente se visse sem um tostão, dono de nada mais que as roupas do corpo. A intenção era ajudá-lo a perceber que a coisa mais valiosa que você algum dia poderá ter é sua mente, não ações ou um carrão, nem mesmo conhecimento, respeito ou habilidades.

Da sua mente, qualquer outra coisa pode brotar. Ela pode criar qualquer coisa de que você precise para alcançar sua meta. Isso não significa que você pode simplesmente fazer algo vir a existir, mas que sua mente, adequadamente direcionada, pode descobrir os meios pelos quais um objeto, um humor ou um estado de ser podem ser criados ou alcançados. Uma mente ativa leva à ação, algo que deve ocorrer se você quiser alcançar o seu propósito maior definido.

A rota para conseguir o que você quer envolverá uma série de trocas. Provavelmente, você trocará trabalho e tempo por dinheiro, e trocará dinheiro por objetos que lhe permitirão trabalhar melhor, e, em troca, vai adquirir aprendizado, transporte, comida, bens, comunicação e qualquer outra coisa de que precise para acabar em posse daquela coisa que você visualizou.

Seu propósito maior é obtido somente ao oferecer algo em retorno. Em essência, você troca coisas que lhe são menos valiosas por coisas que são mais valiosas, e repete esse processo inúmeras vezes. Como membro de uma sociedade de consumo, isso provavelmente lhe parece muito evidente, de certo modo. Você sabe que precisa de dinheiro para comprar um celular ou um par de sapatos.

Mas a verdade crua é que é fácil esquecer essa ideia fundamental quando se trata de um propósito de longo prazo. Sempre existem necessidades do dia a dia que colocam um dreno nos seus recursos, e, mesmo quando o dinheiro não está apertado, o tempo não é distribuído como ações ou bônus anuais. Sua tia-avó pode lhe deixar mil cotas da empresa da família, mas não tem como ela lhe deixar uma hora a mais por dia para os próximos cinquenta anos.

Portanto cabe a você certificar-se de que está sempre entregando mais do que aquilo que precisa receber em retorno hoje. Às vezes, as recompensas imediatas serão tão gratificantes que você não terá dificuldade alguma com isso. Mas todos enfrentamos situações em que requerem algo de nós que não é gratificante. Pode ser prestar atenção nos detalhes da declaração de impostos, escrever relatórios, aprender uma nova habilidade ou obter um certificado profissional. Você tem que abordar essas tarefas com um senso de entregar o seu melhor, assim como faz com as coisas que aprecia na vida e no trabalho.

Não deveria ser preciso dizer que você deve sempre ser honesto e justo em tudo que faz. Qualquer troca baseada em enganos ou truques será rapidamente arruinada, e você verá que acaba com muito menos do que achava que conseguiria ao trapacear. Pior ainda, começará a recear a desonestidade das outras pessoas, e verá que elas lhe pagam com isso muitas e muitas vezes. O empurrão da sua vida o levará rumo a mais enganos e traições, e mesmo que, por um breve momento, você alcance o seu propósito maior, ele vai evaporar nas suas mãos, tão ilusório quanto as maquinações que você criava.

Se o que você oferece em retorno por aquilo que quer é algo falso e incerto, será pago com coisas que também são falsas e incertas. Por outro lado, se o que você oferece é bom e sólido e honesto, será isso que você receberá em retorno.

FORÇA CÓSMICA DO HÁBITO

Napoleon Hill usava a expressão força cósmica do hábito porque ela incorpora a ideia de que ações do dia a dia têm um efeito acumulativo de enorme poder. Pode parecer irreal imaginar que, quando você usa a autodisciplina para cumprir uma tarefa rotineira, está ativando um enorme vórtice de poder que volta a ação do universo a seu favor, mas é isso mesmo que acontece.

Cada vez que lê sua afirmação de propósito, você altera o mundo. Cada vez que dá um passo a mais, a dinâmica galáctica muda. Essas mudanças ocorrem num nível macrocósmico, alterando o que você pode esperar que lhe volte a partir das ações dos outros, e ocorrem em nível microcósmico dentro de você. O mundo fica mais disposto a lhe responder de acordo com o seu propósito na vida, e você fica mais disposto a agir de acordo com o seu propósito na vida.

Sim, o sucesso é construído de pequenas coisas bem como de grandes visões. Se você tivesse que quebrar a cabeça e prestar atenção em cada detalhe do seu sucesso, e cada vez tivesse que agir como se todas as suas chances girassem em torno desse detalhe – do vinco nas suas calças até o posicionamento de um selo numa carta –, sua mente explodiria, ou você desabaria, exausto, antes mesmo do café da manhã.

Em vez disso, a força cósmica do hábito lhe permite acumular impulso. Ao dar-se um direcionamento e ao criar hábitos e rotinas que você sabe que atuam ao seu favor, você pode tomar decisões mais facilmente, ter a confiança de que elas estão sustentando os seus esforços e gastar suas energias nas questões mais cruciais, mais abrangentes.

Isso não significa que você trabalha menos, mas, sim, que o seu trabalho vai para a construção, em vez de apenas para a manutenção, do seu propósito maior. Você faz a transição de segurar as pontas para seguir em frente. Ganha a habilidade de crescer e aprender, e troca uma rotina maçante por um empolgante senso de novas fronteiras e novos desafios.

Ainda que feche este livro e nunca mais o abra, as ideias de Napoleon Hill terão entrado na sua mente, e você se verá aplicando todas elas. Concluirá mais coisas, terá mais respeito por si mesmo e se sentirá melhor acerca do que realiza.

Comprometa-se a pôr em prática as ideias de Napoleon Hill. Tudo começa com determinar o que você quer da vida, e nesse momento você dá o primeiro e o mais importante passo rumo a alcançar o seu propósito maior, porque, nesse momento, começa a alterar o mundo ao seu redor.

Comprometa-se consigo, e o universo, por meio da força cósmica do hábito ou da conectividade, começará a mudar de acordo com o seu propósito. Todos os outros princípios deste livro são apenas meios de aumentar o seu poder sobre as suas ações e as das outras pessoas no seu universo. Você é poderoso assim. Pode fazer em si mesmo cada uma das mudanças que precisam ser feitas e, desse modo, mudar o mundo ao seu redor.

Lembre-se: tudo que sua mente puder conceber e nisso acreditar, ela pode alcançar.

THE NAPOLEON HILL FOUNDATION
What the mind can conceive and believe, the mind can achieve

O Grupo MasterMind – Treinamentos de Alta Performance é a única empresa autorizada pela Fundação Napoleon Hill a usar sua metodologia em cursos, palestras, seminários e treinamentos no Brasil e demais países de língua portuguesa.

Mais informações:
www.mastermind.com.br

Livros para mudar o mundo. O seu mundo.

Para conhecer os nossos próximos lançamentos
e títulos disponíveis, acesse:

🌐 www.**citadel**.com.br

f /**citadeleditora**

📷 @**citadeleditora**

🐦 @**citadeleditora**

▶ Citadel – Grupo Editorial

Para mais informações ou dúvidas sobre a obra,
entre em contato conosco por e-mail:

✉ contato@**citadel**.com.br